BIBLIOTHÈQUE
PHILOSOPHIE CONTEMPORAINE

L'INDIVIDUALITÉ

ET

L'ERREUR INDIVIDUALISTE

PAR

FÉLIX LE DANTEC

Ancien élève de l'École Normale supérieure
Docteur ès sciences

PRÉFACE DE M. **ALFRED GIARD**, PROFESSEUR A LA SORBONNE

« Le temps guérit les douleurs et les
querelles, parce qu'on change, on n'est
plus la même personne. »

PASCAL.

✦

PARIS

ANCIENNE LIBRAIRIE GERMER BAILLIÈRE ET Cⁱᵉ

FÉLIX ALCAN, ÉDITEUR

108, BOULEVARD SAINT-GERMAIN, 108

1898

L'INDIVIDUALITÉ

ET

L'ERREUR INDIVIDUALISTE

FÉLIX ALCAN, ÉDITEUR

AUTRES OUVRAGES DE M. FÉLIX LE DANTEC

Théorie nouvelle de la vie. 1 vol. in-8 de la *Bibliothèque scient-fique internationale* (nᵒ 83 de la collection), cartonné à l'anglaise .... 6 fr.

Le déterminisme biologique et la personnalité consciente. Esquisse d'une théorie chimique des épiphénomènes. 1 vol. in-12 de la *Bibliothèque de philosophie contemporaine.* 2 fr. 50

Évolution individuelle et hérédité. 1 vol. in-8ᵒ de la *Bibliothèque scientifique internationale*, 6 fr. (Sous presse, paraîtra fin janvier 1898.)

Coulommiers. — Imp. PAUL BRODARD. — 720-97.

L'INDIVIDUALITÉ

ET

L'ERREUR INDIVIDUALISTE

PAR

FÉLIX LE DANTEC

Ancien élève de l'École Normale supérieure
Docteur ès sciences

PRÉFACE DE M. **ALFRED GIARD**, PROFESSEUR A LA SORBONNE

> « Le temps guérit les douleurs et les querelles ; parce qu'on change, on n'est plus la même personne. »
>
> PASCAL.

✦✕✦

PARIS

ANCIENNE LIBRAIRIE GERMER BAILLIÈRE ET Cie

FÉLIX ALCAN, ÉDITEUR

108, BOULEVARD SAINT-GERMAIN, 108

—

1898

MON CHER AMI,

Vous me demandez une préface pour votre livre.
Est-elle bien nécessaire? Les jeunes adopteront cer-
tainement vos idées, en les modifiant peut-être dans le
détail, pourvu qu'ils aient reçu l'éducation scientifique
heureusement de plus en plus répandue de nos jours,
et quant aux cerveaux déjà mûrs, vous avez reconnu
vous-même combien serait vaine toute tentative faite
pour les modifier. Pensez-vous que la faible noto-
riété qui s'attache à mon nom puisse être un garant
de la solidité de vos connaissances scientifiques et
vous épargne les critiques des incompétents? Hélas!
ne suis-je pas moi-même un suspect et l'approbation
d'un biologiste dont tous les travaux sont plus ou
moins entachés d'un monisme compromettant, est-elle
bien propre à écarter les foudres de ceux qui ne sont
déjà que trop enclins à vous condamner sans vous
entendre?

Pendant bien des siècles il parut légitime que le
soin de formuler les lois générales constituant la

philosophie naturelle appartint aux hommes dont les recherches avaient accru le domaine de nos sciences positives. Depuis Aristote et Platon jusqu'à Descartes et Leibnitz, pour ne pas aller plus loin et pour ne citer que les sommets, les idées les plus générales sur le système du monde n'ont-elles pas été fournies par des savants généralisateurs? Ceux-là étaient les vrais philosophes, et l'on réservait les noms de rhéteurs ou de sophistes à ceux qui, séduits par le cliquetis sonore des mots, croyaient pouvoir acquérir l'esprit géométrique sans être géomètres, ou s'assimiler les principes les plus délicats de la physique sans avoir pratiqué la méthode expérimentale.

Il n'en est plus de même aujourd'hui. Les savants accueillent avec une méfiance peu déguisée l'œuvre d'un homme de science qui ne se contente pas d'accumuler des faits soigneusement observés. Les philosophes ne se montrent pas plus indulgents pour ceux qui, non initiés aux subtilités de la métaphysique, croient cependant devoir aborder par des voies nouvelles et plus sûres, les éternels problèmes qui passionnent l'esprit humain : la nature de la vie et de la pensée.

Cette défiance réciproque tient, je crois, à deux causes principales. La première est le désir qui a poussé les prêtres des diverses religions à mettre d'accord, dans une certaine mesure, leur enseignement dogmatique avec les données de la science envahissante et aussi la préoccupation qu'ont eue certains hommes de science de mettre leurs croyances religieuses en harmonie avec leurs convictions scientifiques. Nombre de gens ont été ainsi amenés de part et d'autre à discourir sur des sujets dont ils n'entendaient pas le premier mot. De là une littérature hétéroclite dont la philosophie et la science ne pouvaient sortir que mutuellement discréditées.

En second lieu, la spécialisation rendue indispensable par l'accroissement continuel des connaissances humaines, a eu pour résultat le cantonnement des penseurs dans des champs trop artificiellement et trop strictement limités.

De même qu'en sociologie, l'idée étroite de patrie, après avoir correspondu à une nécessité historique, devient peu à peu un obstacle formidable au développement des idées internationalistes, condition de toute amélioration de la vie sociale dans l'avenir, de même, la séparation des sciences en groupes isolés ayant chacun une langue spéciale et des préjugés spéciaux, a donné naissance à une sorte de chauvinisme scientifique aussi déplorable que le chauvinisme politique et aussi néfaste, si l'on n'y prend garde, pour le progrès de l'humanité.

Le psychologue doit-il ignorer les moyens d'investigation qui ont permis au biologiste d'établir le déterminisme des fonctions nerveuses et des actes psychiques? Le biologiste n'a-t-il pas le droit de con-

trôler les résultats acquis par l'analyse des épiphénomènes qui accompagnent, sans les modifier, les réactions si complexes de l'organisme? Et faut-il, parce
que des contradictions apparaissent dans l'application de ces deux méthodes d'observation, rejeter, sans
plus ample examen, tout procédé qui ne cadre pas
avec nos habitudes d'investigation? Vous ne l'avez
pas cru un instant, et votre livre, s'il est l'œuvre d'un
passionné, est aussi l'œuvre d'un esprit conciliant et
de bonne foi.

Quand nous nous étudions nous-mêmes en biologistes et avec les méthodes en usage dans l'observation de tous les êtres vivants, nous n'observons en
nous que des phénomènes d'un déterminisme rigoureux, et nous ne concevons pas qu'il en puisse être
autrement. Lorsqu'au contraire, pratiquant la méthode d'observation interne si chère aux psychologues, nous n'employons d'autre instrument que notre
sens intime, il nous semble avoir la certitude que
nous agissons librement, que nous sommes autonomes
en dépit de ce déterminisme absolu sans lequel la
science ne peut exister.

Allons-nous, en présence de cette apparente contradiction, renoncer à tout ce que nous avons acquis
de la façon la plus sûre et la plus démonstrative? Ne
savons-nous pas avec quelle intensité certaines illu-
sions s'imposent à nous? Ne voyons-nous pas les
objets droits alors qu'ils se peignent renversés sur la

rétine? N'est-il pas légitime de conclure, comme vous l'avez fait, que ce que nous appelons liberté n'est qu'un épiphénomène, une illusion dont l'existence ne trouble en rien le déterminisme absolu de l'univers?

Que cette illusion se soit implantée dans notre moi au point de paraître une réalité incontestable, cela peut s'expliquer sans difficulté. Pour employer le langage individualiste dont nous sommes coutumiers, la croyance à la liberté est une telle force dans la lutte pour la vie (qu'il s'agisse d'individus ou de nations), qu'on comprend très bien que cette croyance, fixée peu à peu par la sélection naturelle, ait pris le caractère obsédant que nous lui connaissons aujourd'hui, qu'elle soit devenue en quelque sorte une propriété de notre organisme.

Au point de vue pratique, il serait puéril de s'effrayer des conséquences de cette manière d'envisager la liberté humaine. Il est clair, en effet, que rien n'est changé aux bases de la morale et que la responsabilité demeure entière, puisque, si nous étions libres, nous n'agirions pas autrement que nous le faisons étant déterminés mais ayant l'illusion de la liberté...

Mais je me laisse entraîner par les réflexions que m'a inspirées la lecture de votre livre, et j'oublie qu'il serait plus sage de laisser se produire, sans chercher à la provoquer prématurément, la conviction qui s'imposera à toute intelligence non prévenue et suffi-

samment armée pour vous suivre dans vos élégantes déductions.

Si, comme je le crois, la biologie et la psychologie sont destinées à se fondre prochainement en une science unique, vous n'aurez pas peu contribué à faciliter cette union si désirable, et vous aurez droit à la reconnaissance de ceux qui se livrent, sans esprit préconçu, à l'étude de la vie sous ses manifestations les plus variées.

ALFRED GIARD.

INTRODUCTION

La notion d'individualité est dans le langage courant et si cela n'a pas d'importance pour l'étude de la physique et de la chimie, il n'en est plus de même quand il s'agit de biologie générale; cette notion est en effet la source d'une erreur de méthode que l'on peut appeler l'erreur individualiste et qui complique toujours les problèmes quand elle ne les rend pas insolubles. Par exemple, le différend entre les déterministes et les vitalistes réside tout entier dans cette erreur de méthode; c'est la notion *a priori* d'individualité qui empêche de comprendre comment le déterminisme *absolu* n'est pas en contradiction avec ce que nous appelons la liberté individuelle.

Enfin, le problème de l'hérédité est mal posé dans le langage individualiste et c'est peut-être uniquement pour cela qu'il semble si obscur...

Je n'ignore pas que je m'expose, en m'occupant de ces graves questions, à des critiques sévères et souvent peu indulgentes; j'ai déjà reçu, pour des livres précédemment publiés sur des sujets analogues, un très grand nombre de mauvais compliments à côté de très rares appréciations bienveillantes. Je ne rappelle ces aventures personnelles qu'à cause d'une observation intéressante qu'elles m'ont permis de faire, et que voici : Beaucoup de philosophes ont accordé quelque attention à la théorie que j'ai essayé d'établir, des phénomènes objectifs de la vie, mais ont amèrement déploré que j'aie gâté un travail de naturaliste consciencieux par des considérations étrangères à ma compétence. Il paraît qu'il existe des limites bien déterminées au dehors desquelles un physiologiste ne saurait s'aventurer sans perdre sa route, par cela même qu'il est physiologiste et, par suite, déterministe convaincu. Les conquêtes de la science positive conduisant au déterminisme absolu, il me semble impossible qu'on les admette comme établies et qu'on accorde en même temps à la conscience une valeur autre que celle d'un épiphénomène inactif. Tel n'est pas l'avis des philosophes; quelques-uns arrivent, par je ne sais quel prodige de souplesse intellectuelle, à conserver à la conscience sa signification directrice sans nier le déterminisme; je pense qu'il y a là un compromis analogue à celui de Claude Bernard : « Le malentendu entre les philosophes et les physiologistes

vient sans doute, dit-il, de ce que le mot *déterminisme*
est pris par eux dans le sens de fatalisme, c'est-à-
dire dans le sens du déterminisme philosophique de
Leibnitz[1] ». J'ai beau chercher, je n'arrive pas à
comprendre qu'il puisse y avoir deux déterminismes. Cela tient, m'ont dit les philosophes, à ce
que je suis trop ignorant en philosophie; le critique scientifique de la revue thomiste m'a affirmé
que si j'avais lu la *Somme* de saint Thomas d'Aquin,
j'aurais évité bien des énormités que j'ai dites.
N'y a-t-il pas dans cette affirmation un argument
en faveur du déterminisme le plus absolu? A l'âge
où le cerveau est encore susceptible d'être façonné
par l'éducation, nourrissez deux intelligences, l'une
avec saint Thomas d'Aquin, l'autre avec Huxley et
Darwin, et vous obtiendrez au bout d'un temps
suffisant, deux individus *adultes*, incapables de
s'entendre jamais, chacun d'eux n'étant plus ouvert
qu'à des conceptions d'un ordre absolument *déterminé*. Aussi les discussions philosophiques entre
deux adultes sont-elles forcément stériles; il est
impossible de faire rendre le même son à deux
cloches du même métal *une fois qu'elles sont construites sur deux modèles différents*; construisez-les
au contraire dans le même moule, elles seront
toujours à l'unisson. Eh bien! il se trouve qu'au-

---

1. Voyez plus bas, p. 18.

jourd'hui l'éducation philosophique et l'éducation
scientifique sont données de telle manière que
leurs produits sont incompatibles; il faudrait
réformer celle des deux qui est défectueuse.

Mais, en attendant, on ne peut pas empêcher
qu'un individu construit suivant le type d'éducation scientifique essaie de se rendre compte de la
raison pour laquelle il existe des contradictions
apparentes entre les faits qui sont du domaine de
la physiologie et ceux qui sont du domaine de la
psychologie, puisque, par suite de sa construction même, il est condamné à ne jamais pouvoir
comprendre les explications si simples qu'en
donnent en toute bonne foi les êtres construits sur
le type d'éducation psychologique.

*
* *

On me dit que je suis matérialiste; M. Fonsegrive[1] me le démontre avec toutes sortes de pré-
cautions, pour ne pas froisser ma susceptibilité, je
pense, parce que cette qualification semble être
une injure dans le monde des philosophes. Je
suis trop ignorant des systèmes pour savoir jusqu'à
quel point je mérite d'être inféodé à telle ou telle

1. *Livres et idées (la Quinzaine,* 1ᵉʳ février 1897).

secte, mais il y a cependant quelque chose qui m'échappe dans le raisonnement de mes adversaires : « Vous êtes matérialiste, *donc* ce que vous dites provient d'une vue incomplète des choses et vous êtes dans l'erreur ». Il faut *donc* que l'on ait démontré une fois pour toutes que les théories dites matérialistes pèchent par un côté essentiel. Je veux bien l'admettre, je n'en sais rien; mais si l'on me démontre que je suis d'accord avec les matérialistes par un point de doctrine A et si d'autre part il est établi que les théories matérialistes pèchent par un point de doctrine B, il faudrait aussi se demander si A et B ont quelque chose de commun; et j'ai bien le droit de croire que non quand je me vois accuser, au nom du matérialisme, de nier des choses que je n'ai jamais niées : « Ces deux ouvrages de M. Le Dantec sont une théorie scientifique du matérialisme le plus absolu. Beaucoup de science, beaucoup d'observation, beaucoup de subtilité y sont dépensées pour arriver à des conclusions d'une fausseté *manifeste*. Pourquoi? Parce que l'auteur a été guidé constamment par une idée préconçue et un principe faux, à savoir : que l'on ne peut et que l'on ne doit raisonner et établir des lois que *pour ce qui frappe nos sens*. C'est nier *a priori*, par une affirmation tranchante et sans preuves, tout un monde de phénomènes, de lois qui dépassent les sens et reposent sur une certitude

supérieure même au témoignage de ces derniers [1] ».
- Je trouve qu'il est très peu scientifique de nier
quoi que ce soit *a priori* et je me défends de toutes
mes forces de l'avoir fait, mais je suis obligé de
confesser une faiblesse naturelle qui me porte,
comme l'illustre apôtre Thomas, à avoir plus de
confiance dans le témoignage de mes sens, quel-
qu'imparfaits qu'ils soient, que dans tout autre
témoignage.

Je suis loin de nier cependant qu'il y ait des faits
qui ne tombent pas sous les sens, et je ne me per-
mettrais pas d'affirmer que mon voisin n'a pas mal
aux dents parce que je n'ai aucun moyen de m'en
assurer. Seulement, comme ma structure cérébrale
ne s'accommode pas volontiers *a priori* de l'explication des phénomènes matériels par des interven-
tions immatérielles (et je suis déterministe trop
convaincu pour prétendre qu'il n'en puisse pas
être tout autrement du cerveau de tel ou tel psychologue, ou même pour croire que, dans des cerveaux malheureusement presque adultes comme les
nôtres, la conviction de l'un puisse entraîner celle
du voisin), j'essaie de me rendre compte de la
nature des phénomènes vitaux en les rapportant à
des phénomènes mécaniques; or, il y a certaines
particularités de notre activité vitale (volonté,

---

1. Jean d'Estienne dans le *Polybiblion* de juillet 1897.

liberté) qui semblent en contradiction avec le déterminisme physico-chimique et comme je me trouve construit de telle manière que ces contradictions me sont pénibles, je fais tous mes efforts pour chercher où est l'erreur, l'illusion, d'où elles résultent. Je trouve cette illusion dans la liberté *absolue* attribuée à l'individu, les psychologues la trouvent au contraire dans le déterminisme des phénomènes objectifs qui ne serait qu'apparent; c'est une question de tempérament qui provient de l'hérédité ou de l'éducation; de deux machines à vapeur construites l'une pour moudre le grain, l'autre pour élever l'eau, laquelle est la meilleure? Elles ne sont pas comparables et peuvent être bonnes toutes deux quoique remplissant des fonctions différentes.

La seule solution vraiment définitive du différend qui existe entre les psychologues et les déterministes sera qu'ils tombent d'accord, sans que les uns ni les autres renoncent à autre chose qu'à la forme de leur langage; il est impossible que la contradiction actuelle persiste; il faut qu'il y ait quelque part une erreur, une illusion. Je crois que cette erreur vient de la notion d'individualité, et je vais essayer de le montrer[1].

---

1. Plusieurs chapitres de ce volume ont paru dans la *Revue philosophique*; l'un d'eux a été publié dans la *Revue encyclopédique*.

L'INDIVIDUALITÉ

I

L'ERREUR INDIVIDUALISTE ET LA CONSCIENCE ÉPIPHÉNOMÈNE

CHAPITRE PREMIER

DÉTERMINISME ET VITALISME [1]

« On ne peut contester que la physiologie actuelle marche dans une voie qui établit de plus en plus le déterminisme rigoureux des phénomènes de la vie. Il n'y a pour ainsi dire plus de divergence entre les physiologistes à ce sujet. Mais il n'en est pas de même pour les philosophes; ils repoussent encore le déterminisme physiologique et pensent que certains phénomènes de la vie lui échappent nécessairement, par exemple, les phénomènes moraux. Ils craignent que

1. *Revue encyclopédique Larousse*, du 29 mai 1897.

la liberté morale puisse être compromise si l'on admet le déterminisme physiologique absolu. » (Claude Bernard.)

Depuis que Claude Bernard a prononcé ces paroles, et il y a de cela une vingtaine d'années, les découvertes se sont accumulées, la science a marché à pas de géant, et aucun fait, *observé d'une manière précise*, n'a donné la moindre preuve contre le déterminisme biologique. Cependant la même divergence de vues subsiste entre les physiologistes et les philosophes à de très rares exceptions près. Suivant le genre d'éducation qu'ils ont reçu, deux auteurs interprètent le même fait de deux manières diamétralement opposées, tirent du même fait des preuves pour ou contre l'existence d'une force vitale; il faut donc qu'il y ait un malentendu et ce malentendu doit provenir d'une certaine obscurité dans l'énoncé de la question à résoudre. Mais il y a aussi autre chose.

A une époque où la science n'existait pas, où les connaissances humaines étaient réduites à un bagage du même ordre que celui des races inférieures actuelles, le besoin de comprendre, ou au moins le besoin de s'exprimer [1] au sujet des phénomènes de la vie et de la mort, a conduit à des explications grossières des

---

1. L. Errera, *Existe-t-il une force vitale?* (Bruxelles, 1897), p. 2. « Le sauvage le plus inférieur ne possède ni idées générales, ni curiosité intellectuelle (Ex. : les nègres interrogés par Park au sujet du soleil) : sa défense et sa nourriture sont ses deux préoccupations presque exclusives. A ce point de vue, il lui importe beaucoup de distinguer ce qui vit d'avec ce qui ne vit pas. Son premier criterium est le *mouvement spontané* (c'est-à-dire dont la cause immédiate lui échappe) : des vaisseaux, une montre, une boussole seront donc regardés comme vivants ». Voyez aussi *Théorie nouvelle de la vie*, *Introduction* (Bibl. scientif. internationale).

faits, explications qui, transmises de génération en génération, ont fini par acquérir une forme à peu près définitive et par constituer un corps de doctrine. Il eût été raisonnable, quand les progrès de la science ont permis d'expliquer un plus grand nombre de phénomènes, d'abandonner, au moins pour ces phénomènes explicables, l'interprétation *a priori* de la doctrine vitaliste héréditaire [1]; mais cela présentait de grandes difficultés; les croyances de l'homme sont d'une importance capitale pour la constitution de la société et les conquêtes scientifiques, connues seulement d'un petit nombre d'esprits éclairés, ne pouvaient être vulgarisées sans un certain danger pour l'ordre social existant; d'autre part, l'homme tient naturellement aux convictions qui, lui ayant été inculquées de bonne heure, sont indissolublement liées à sa structure cérébrale, car l'établissement de cette structure est le résultat de l'éducation autant que de l'hérédité.

Dans ces conditions, il était à prévoir que les divergences iraient en s'accentuant sans cesse entre la doctrine stationnaire transmise de génération en génération et la doctrine nouvelle édifiée peu à peu sur les conquêtes successives de la science. Aujourd'hui que l'instruction se répand de plus en plus et vulgarise les découvertes quotidiennes des laboratoires, beaucoup de bons esprits ont cru qu'il y avait quelque péril dans cette contradiction entre les résultats des recherches expérimentales et les croyances universellement répandues, et ont essayé d'éviter, ou tout au moins de

1. J'ai essayé d'expliquer (*Théorie nouvelle de la vie, Introduction*) la raison pour laquelle cette doctrine héréditaire a précisément été la doctrine vitaliste.

reculer un conflit qui pouvait sembler inévitable. C'est ainsi que Claude Bernard, le père de la physiologie, a fait une tentative de conciliation, tout en réservant hautement ensuite les droits de la science et déclarant qu'elle doit suivre sa route victorieuse sans se préoccuper des discussions étrangères que quelques-uns entament en son nom : « Le malentendu entre les philosophes et les physiologistes vient sans doute, dit-il, de ce que le mot *déterminisme* est pris par eux dans le sens de fatalisme, c'est-à-dire dans le sens du déterminisme philosophique de Leibnitz. »

J'avoue que je n'arrive pas à comprendre la distinction établie par l'illustre physiologiste entre ces deux déterminismes et comment, si le premier est *absolu*, ainsi que l'affirme l'auteur à plusieurs reprises (*Phénomènes de la vie*, t. I, p. 61), il peut ne pas entraîner le second. Voici cependant un passage qui semble permettre de pénétrer sa pensée :

« Personne ne contestera qu'il y ait un déterminisme de la non-liberté morale. Certaines altérations de l'organe cérébral amènent la folie, font disparaître la liberté morale comme l'intelligence et obscurcissent la conscience chez l'aliéné.

« Puisqu'il y a un déterminisme de la non-liberté morale, il y a nécessairement un déterminisme de la liberté morale, c'est-à-dire un ensemble de conditions anatomiques et physico-chimiques qui lui permettent d'exister. Nous affirmons ce fait et nous disons : Bien loin que les manifestations de l'âme échappent au déterminisme physico-chimique, elles s'y trouvent assujetties étroitement et ne s'en écartent jamais, quelle que soit l'apparence contraire. Le déterminisme, en un mot, loin d'être la négation de la liberté morale, en est au contraire la condition nécessaire, comme de toutes autres manifestations vitales. »

Si je comprends bien, cela veut dire : l'âme agit au moyen du corps comme le mécanicien au moyen de sa machine. Si la machine est en bon état, le mécanicien obtient, en appuyant sur la manette, le résultat qu'il désire et en vue duquel la machine a été construite (liberté morale). Si, au contraire, la machine n'est pas réglée, si, par exemple, le mouvement du tiroir distributeur de vapeur n'est pas correctement lié au mouvement du piston correspondant, l'acte du mécanicien se traduira par des désordres plus ou moins graves, et la machine n'exécutera pas le mouvement qu'on attendait d'elle (folie).

Le déterminisme biologique se réduirait donc au fait que le corps, à l'état de santé, obéit d'une manière déterminée à telle ou telle impulsion que lui communique l'âme, mais l'âme serait entièrement libre de choisir la direction dans laquelle elle veut conduire le corps, *quelles que fussent les circonstances extérieures*, et, par conséquent, il serait impossible de prévoir ce que ferait le corps dans des conditions déterminées, même si l'on connaissait exactement *toutes* ces conditions.

Si telle est la pensée de Claude Bernard, que je ne suis pas bien certain d'avoir comprise, elle est la négation du déterminisme humain auquel les travaux mêmes de cet illustre savant conduisent infailliblement, mais il ne faut peut-être pas s'arrêter longtemps à ces considérations dictées probablement par l'esprit de conciliation dont j'ai parlé tout à l'heure. La conclusion du chapitre auquel sont empruntées ces citations est d'ailleurs : que la physiologie n'a pas à se préoccuper de ces questions étrangères à son objet et doit se cantonner dans le domaine expérimental.

On ne peut cependant nier qu'une question se pose au sujet du déterminisme biologique et de la liberté morale et que la divergence de vues qui sépare les physiologistes doive être le résultat d'un malentendu qu'il importe de faire cesser.

Dans les lignes qui précèdent, j'ai essayé de montrer qu'indépendamment de l'obscurité probable de l'énoncé du problème il y a des raisons de sentiment qui poussent beaucoup de gens, dans un but assurément très louable d'ailleurs, à remporter coûte que coûte une victoire brillante sur les partisans du déterminisme; ces raisons de sentiment sont celles qui s'opposent le plus violemment à une conciliation sur un terrain purement scientifique. Il est à présumer, que sans cela, des adversaires d'une égale bonne foi ne pourraient continuer à tirer, des mêmes faits d'observation et d'expérience, des conclusions diamétralement opposées, et il faut toujours se demander, quand on assiste à une discussion de cette nature, quelle est la part d'obscurité existant dans l'énoncé du problème lui-même, et quelle est la part d'obscurité introduite plus ou moins consciemment dans le débat par l'impérieux désir de vaincre de l'un des adversaires. Les philosophes accusent généralement les physiologistes de supprimer les difficultés dans leurs essais d'explication de la vie, ou au moins de ne pas les apercevoir; ils condamnent d'emblée, comme forcément incomplètes, les conclusions de la science positive [1] et, le plus souvent, ils négli-

---

1. « Enchaînée par ce faux principe posé *a priori*, qu'il n'existe pas d'autre mode de recherche des connaissances que l'observation des faits matériels (voyez à ce propos la fin du présent

gent même de donner des preuves de ce qu'ils avancent ;
dans ces conditions il est impossible de leur répondre
ou de discuter avec eux.

Dans une conférence faite le 9 mars dernier à la
ligue contre l'athéisme, M. Armand Gautier a discuté
l'existence de la force vitale immatérielle [1] et a démontré le peu de consistance de la doctrine déterministe. C'est une bonne fortune de voir étudier cette délicate question par un homme de laboratoire habitué à
la rigueur des recherches scientifiques, et n'avançant
aucune proposition sans la soutenir par des arguments
dont il est possible de discuter la solidité. Malheureusement, il semble que le savant professeur n'a rem-
porté de victoire décisive que lorsqu'il a combattu ses
adversaires sur des points de doctrine qu'il leur avait
lui-même gratuitement prêtés.

Je n'ai pas la prétention de discuter de point en
point la conférence de M. Gautier ; je voudrais seulement montrer quelles équivoques peuvent se produire
lorsqu'on essaie de poser nettement le problème de la
liberté morale et du déterminisme biologique. Voici,
par exemple, un passage très intéressant à cet égard :

Je pourrais maintenant, me fondant sur les phénomènes
de la *volonté* et du *sens moral*, montrer que les mêmes impressions n'amènent pas dans les divers cerveaux, ni fata-

chapitre), l'École positiviste confond constamment les conditions
nécessaires à l'éclosion et à la conservation de la vie avec la
cause même du phénomène de la vie. C'est ainsi que le philosophe n'arrive qu'à des conclusions incomplètes et partant
fausses, dès qu'elles sont données comme solution entière et
définitive. » (*Revue des questions scientifiques*, p. 619 ; Louvain,
1896.)

1. *Les manifestations de la vie dérivent-elles de forces matérielles? (Revue générale des Sciences*, 15 avril 1897.)

lement dans le même cerveau, à un moment donné, les
mêmes déterminations. Il est vrai que, par esprit de système
et en vertu de ce principe *a priori* d'une philosophie nouvelle, *que toutes les forces sont d'ordre matériel*, il est vrai,
dis-je, qu'on a nié le libre arbitre, les actes de la volonté
libre étant contraires à cette vérité, indéniable en mécanique, que les mêmes causes, agissant sur le même être
matériel, produisent toujours les mêmes effets. Telle ne
paraît pourtant pas être la loi des actes de la volonté. Les
faits de conscience nous apportent des notions dont il faut
bien tenir compte, quelque gênantes qu'elles puissent être,
et qu'il ne servirait à rien de nier. Ils nous apprennent qu'à
la suite d'une impression, le désir, la passion s'éveille,
souvent violente et presque irrésistible, mais qu'il est des
hommes qui, par éducation ou nature, peuvent se déterminer en sens inverse de celui où les incite l'impression.
D'ordre matériel, celle-ci a des suites matérielles inéluc-
tables, mais l'impression reçue et perçue, l'homme pèse ses
motifs d'agir à la balance juste ou fausse de sa conscience,
et il peut se déterminer dans un sens ou dans un autre en
raison de sa volonté. Si l'on me dit qu'il ne se détermine
pas sans motif, et que dès lors il n'est pas libre, il s'agit,
remarquons-le bien, de *motifs moraux* auxquels n'a rien à
voir l'impression matérielle qui a provoqué la délibération
de l'esprit. Ces motifs moraux sont ceux qui déterminent
l'acte de volonté et à sa suite l'acte matériel. Ils agissent,
l'impression reçue, dans le sens ou en sens inverse des forces
d'impression, mais en tout cas, en tant que forces morales
immatérielles. *C'est ce que je voulais démontrer:*

Voilà un passage qui n'est vraiment pas indulgent
pour les déterministes, et ils ont le droit de se plaindre
qu'on leur attribue de telles manières de voir pour
réduire leur système à néant. Je n'ai pas besoin d'avoir
fait des études psychologiques bien élevées pour savoir
que, de deux alternatives présentées à mon esprit à
un moment donné, je choisis celle que je *veux* pour
des raisons déterminées; qu'en présence de circons-

tances déterminées, j'agis différemment suivant que je suis triste ou gai, en colère ou de bonne humeur,... etc. Les biologistes n'ignorent pas plus cela que les autres hommes raisonnables et si, néanmoins, quelques-uns d'entre eux affirment, après mûre réflexion, leur croyance à un déterminisme absolu, il serait puéril de supposer que, pour arriver à cette affirmation, ils ont oublié les faits les plus notoires et les plus élémentaires de la vie courante.

M. Gautier leur fait remarquer que « les faits de conscience nous apportent des notions dont il faut bien tenir compte, *quelque gênantes qu'elles puissent être et qu'il ne servirait à rien de nier* ». Je pense que beaucoup de psychologues ont la même opinion sur la faiblesse du raisonnement déterministe, car j'extrais d'un excellent traité de psychologie [1] le passage suivant :

« La thèse du physiologiste conséquent avec ses principes n'est pas douteuse : il ne peut pas admettre un seul instant, des impressions étant données dans un organisme également donné, l'indétermination de la résultante motrice qui suivra. **Quel que soit donc l'état de conscience provoqué dans l'intervalle,** la résultante est d'avance mécaniquement, mathématiquement déterminée. Or, cela n'est-il pas manifestement faux ? »

Lorsque l'on prête aux déterministes des raisonnements de cette force, il n'est vraiment pas difficile de battre en brèche leur système, il est même tout naturel qu'on ne s'arrête pas à discuter avec des êtres aussi naïfs et voilà pourquoi tant de psychologues se con-

---

1. Hannequin, *Introduction à l'étude de la psychologie*, p. 43, 44.

tentent de déclarer, sans en donner de preuves, que ce qu'ils disent ne tient pas debout. Ne vaudrait-il pas mieux penser qu'il y a équivoque et que des gens habitués à la rigueur scientifique, et d'ailleurs pleins de bonne foi, n'ont pas dû avancer de semblables énormités?

« Je pourrais montrer, dit M. Gautier, que les mêmes impressions n'amènent pas dans les divers cerveaux, ni fatalement, dans le même cerveau, à un moment donné, les mêmes déterminations. » Pour ce qui est de deux cerveaux différents, je ne sache pas que personne ait jamais songé à dire le contraire, mais je ne crois pas non plus que les mêmes excitations, musicales ou autres, « déterminent dans le cerveau d'un chien, d'un nègre ou d'un Parisien affiné des effets physico-chimiques *semblables* », comme le prétend M. Gautier.

Affirmer la similitude des effets physico-chimiques résultant d'une impression déterminée dans des cerveaux différents et mettre cette similitude en opposition avec la différence des déterminations prises ensuite par les animaux correspondants, cela permet immédiatement en effet de nier tout lien direct entre ces déterminations et les phénomènes physico-chimiques d'où elles résultent.

Mais l'affirmation de la similitude étant gratuite, la démonstration manque de fondement. Les déterministes prétendent au contraire que les réponses des organismes aux excitations extérieures dépendent *uniquement* des phénomènes physico-chimiques qui résultent de ces excitations, et qu'elles sont naturellement différentes pour deux cerveaux différents.

M. Gautier va plus loin; il affirme que pour un même cerveau, à un moment donné, une même im-

pression ne donne pas fatalement la même détermination. Or c'est là toute la question et quoique la
tournure de la phrase ne permette pas de savoir
exactement quel sens peut avoir l'expression *à un
moment donné*, il semble qu'on puisse la traduire
ainsi : La réponse d'un organisme donné à une excitation donnée, n'est pas *déterminée* par l'état de l'organisme à ce moment donné. Je ne vois pas trop
comment on pourrait le démontrer, même en se basant
sur la volonté et sur le sens moral, car il nous est
malheureusement impossible de savoir si, *au moment
précis où nous voulons une chose, nous pourrions vouloir
une autre chose.* Les déterministes prétendent que non,
M. Gautier prétend que oui et en tire un argument
contre les déterministes; l'expérience n'est pas facile
à faire. Nous pouvons, à deux moments différents,
aussi voisins qu'on voudra, vouloir deux choses différentes dans des conditions extérieures qui n'ont pas
varié, mais c'est que nous-mêmes avons varié dans cet
intervalle, par suite même de toutes les opérations,
mentales ou autres, dont nous avons été le siège.
Nous avons à comparer, comme plus haut, les réponses
de deux cerveaux différents à une même excitation
et il est tout naturel que ces réponses soient différentes.

« La dissemblance des effets de volition et des actes
qu'ils entraînent à la suite d'une même excitation de
cause extérieure, suivant qu'ultérieurement agissent
tels ou tels motifs d'intérêt logique, ou telles considérations morales, est encore une preuve de l'immatéria-
lité et de l'indépendance de la cause première qui
détermine la volonté, car, choisissant entre ces motifs,
le sens intime peut à une même impression matérielle,

faire succéder des actes opposés[1]. » *Pas en même
temps* au moins, personne ne le contestera, et si c'est à
deux moments différents, cela ne prouve rien, puisque
l'organisme n'est plus le même. « Le temps, a dit
Pascal, guérit les douleurs et les querelles parce *qu'on
change, on n'est plus la même personne.* »

Pour combattre les déterministes et les mettre en
flagrant délit d'absurdité, de contradiction avec eux-
mêmes ou avec l'évidence, il ne faudrait pas leur
prêter des croyances qu'ils n'ont pas. Leur idée est
que toute opération, mentale ou autre, est la conséquence de réactions *qui modifient* l'état de l'organisme,
qu'un état de conscience déterminé correspond à un
état déterminé du cerveau et qu'un changement dans
l'état de conscience correspond à un changement dans
le cerveau, de sorte qu'il est vraiment injuste de prétendre qu'ils nient l'évidence et que, suivant eux, la
résultante d'une excitation déterminée sera indépendante, dans un organisme donné, de l'état de conscience provoqué dans l'intervalle[2].

Je me contente ici de défendre les déterministes
contre les trop faciles accusations d'inconséquence
flagrante dont ils sont victimes. J'ai exposé dans des
livres précédemment parus, qu'il est possible, sans
faire aucune hypothèse contraire au déterminisme
absolu, de concevoir comment se construisent les
organismes par leur activité même, et comment la
psychologie est parallèle à la physiologie.

Mais comment concilier le déterminisme avec la
liberté morale dont chacun de nous se sent possesseur ?

1. A. Gautier, *op. cit.*
2. Hannequin, *loc. cit.*

Il faut poser le problème d'une manière précise, et éviter les équivoques comme celles que j'ai relevées précédemment. Voici d'abord un exemple de la liberté dont chacun jouit et que personne n'a jamais songé à révoquer en doute :

Un fruit est devant moi, d'apparence appétissante ; il me prend envie de le goûter, je le goûterai *si je veux*, je le *mangerai* si je veux, même si je le trouve mauvais ; je le rejetterai *si je veux*, même si je le trouve bon. Entre deux ou plusieurs alternatives, je puis toujours choisir celle que *je veux* et m'arrêter même à la plus désagréable si j'en ai le courage. Sauf les cas d'une douleur intolérable ou d'une appétence invincible, je puis toujours agir *à ma fantaisie*, dans quelque circonstance que ce soit, je puis même concevoir un désir dont la réalisation soit impossible.

Voici maintenant l'exposé de la théorie du déterminisme biologique :

Ce que je fais à un moment donné dans des conditions données, est uniquement déterminé par la structure de mon être à ce moment donné. Je fais ce que *je veux* à un moment donné, mais si vous supposez construit, *à ce même moment*, un corps matériellement *identique* à moi quant au nombre, à la nature et à la disposition de ses atomes constitutifs, et si vous placez ce corps dans des conditions *identiques* à celles où je me trouve moi-même, il pensera ce que je pense, *voudra ce que je veux*, sentira ce que je sens et fera ce que je fais à ce moment déterminé. La théorie, exprimée ainsi, ne semble permettre aucune équivoque et paraît favorable à l'étude de la conciliation entre le déterminisme et la liberté morale, conciliation que quelques psychologues déclarent impossible.

D'abord cette théorie ne prête pas le flanc aux interprétations puériles que j'ai soulignées plus haut et au
moyen desquelles on la réduit si facilement à néant :
« Prétendre que la douleur des coups de bâton n'est
pour rien dans l'effroi ou dans la fuite du chien, ou
que l'amour de la mère pour ses petits n'est pas la
vraie raison qui lui fait braver les plus grands dangers,
est une simple absurdité [1] ». La vraie raison qui détermine le chien à fuir ou le mère à braver les dangers,
c'est l'ensemble de la structure du corps et des phénomènes qui s'y passent au moment considéré; l'effroi
ou l'amour maternel sont indissolublement liés à certaines particularités matérielles de structure; ces sentiments changent chaque fois qu'intervient une modification dans la structure matérielle correspondante et
alors seulement, or ces sentiments sont précisément
les seules marques par lesquelles l'individu est averti
des modifications qui se passent en lui, et c'est pour
cela qu'il est convaincu qu'ils sont la vraie raison pour
laquelle il agit de telle ou telle manière. Deux chiens
identiques se trouvant placés dans des conditions identiques agiront de la même manière, mais sentiront
aussi de la même manière et si l'un d'eux a peur,
l'autre aura également peur. La vraie raison pour
laquelle l'un des chiens fuira sera *la structure de son
corps à ce moment déterminé et les phénomènes qui s'y
passent*; cette structure comprend sans doute les particularités histologiques corrélatives de la peur; mais
il y en a d'autres en même temps dans le cerveau du
chien et c'est de *l'ensemble de son cerveau* que dépendra
sa détermination. Il se pourra, par exemple, que dans

---

1. Hannequin, *loc. cit.*

ce cerveau existent des caractères de bravoure acquis par l'éducation et qui feront que le chien aura peur des coups et cependant ne fuira pas. Mais si deux chiens sont matériellement *identiques*, dans les mêmes conditions, ils auront peur ou n'auront pas peur, fuiront ou ne fuiront pas, *pour les mêmes raisons*. Voilà uniquement ce que prétendent les déterministes.

S'il pouvait exister deux hommes identiques, placés dans des conditions identiques, ils agiraient identiquement, et chacun d'eux voyant que l'autre agit sans cesse et toujours comme lui-même, ne croirait plus à sa propre liberté *au sens absolu du mot*. Mais cela est impossible, car l'homme étant le résultat de ce qu'il fait à chaque instant [1], deux œufs, même identiques, ne pourront pas donner des hommes identiques, puisque ces deux œufs (par suite de l'impénétrabilité) ne peuvent pas occuper à chaque instant de leur évolution, la même place dans l'espace; or cela serait indispensable à l'*identité* des conditions extérieures pour chacun d'eux.

En résumé, en présence d'une excitation extérieure, l'homme agit pour des raisons *qui sont en lui*, pour des caractères de structure que lui seul connaît et qu'il connaît seulement par les états de conscience correspondants. C'est pour cela que nul ne peut prévoir ce que fera un autre homme dans des conditions déterminées et croit à sa liberté absolue. Mais en réalité les caractères de structure d'un homme à un moment donné, résultent de ce qu'il a fait un instant avant et ainsi de suite, en remontant, jusqu'à l'œuf, de telle manière que les raisons qui le déterminent à vouloir

1. Voyez *Théorie nouvelle de la vie : l'assimilation fonctionnelle.*

2.

telle ou telle chose ont été amenées fatalement par l'hérédité et l'éducation [1].

Dans le passage que j'ai cité un peu plus haut, M. Gautier *affirme* que les motifs moraux sont d'ordre purement immatériel et indépendants des caractères de structure cérébrale et des réactions du moment; une affirmation n'est pas une démonstration et ne peut servir d'argument sérieux dans une discussion; les déterministes croient le contraire; j'espère avoir montré que leur manière de voir ne doit pas être rejetée *a priori* comme absurde et que le déterminisme absolu n'est pas en contradiction avec *ce que nous appelons* la liberté morale.

Je reprends pour terminer le passage en partie cité déjà plus haut [2] :

« La thèse du physiologiste conséquent avec ses principes n'est pas douteuse : il ne peut pas admettre un seul instant, des impressions étant données dans un organisme également donné, l'indétermination de la résultante motrice qui suivra. Quel que soit donc l'état de conscience provoqué dans l'intervalle, la résultante est d'avance mécaniquement, mathématiquement déterminée. Or cela n'est-il pas manifestement faux? N'est-il pas vrai au contraire que *le mathématicien assez pénétrant pour rassembler toutes les données de ce subtil problème devrait tenir compte aussi d'un élément capital: la douleur ou le plaisir qui naît de l'impression?* »

Mais précisément, ce que les déterministes affirment, c'est que, si un mathématicien savait mettre en équa-

---

1. *Éducation* étant pris au sens très large d'ensemble de *toutes* les circonstances que l'homme a traversées depuis sa naissance jusqu'au moment précis considéré.
2. Hannequin, *loc. cit.*

tion toutes les *conditions matérielles* d'un phénomène vital, un homme assez instruit des choses de la physiologie (et il n'y en aura probablement pas avant que se rencontre le mathématicien idéal en question) pourrait nous montrer, dans cette équation des conditions *matérielles*, tel ou tel terme correspondant au plaisir ou à la douleur.

⁂

Il ne semble pas possible, nous venons de le voir, de considérer raisonnablement *a priori* comme contraire au bon sens, l'une des deux théories opposées, vitaliste et déterministe, et les arguments que les adversaires emploient pour défendre leurs idées méritent d'être discutés sans parti pris. Voyons donc maintenant s'il existe des démonstrations pour ou contre la force vitale. M. Errera vient de publier à Bruxelles sous le titre : *Existe-t-il une force vitale?* le résumé de dix leçons dans lesquelles il a étudié avec impartialité tous les arguments invoqués depuis les temps anciens, pour ou contre le vitalisme. Sa conclusion est la suivante : « Il résulte de l'ensemble de notre étude que l'on n'a point démontré jusqu'ici l'existence, chez les êtres vivants, d'une source d'énergie indépendante des énergies qui se manifestent aussi en dehors d'eux.

« Mais si aucune des composantes, prise isolément, n'appartient en propre à l'organisme, la résultante peut néanmoins être appelée *vitale*, c'est-à-dire liée à sa *structure* complexe et à son *intégrité* — tout comme nous pouvons décomposer le fonctionnement d'une machine à fabriquer le papier par exemple, en mouvements dont aucun ne lui est propre, mais dont la suc-

cession et le résultat sont caractéristiques pour
elle [1].

« Quant à la structure actuelle de l'être vivant, elle
nous apparaît comme la conséquence de son *développement historique... etc.* »

M. A. Gautier est arrivé à des conclusions opposées
dans la conférence à laquelle j'ai déjà fait allusion tout
à l'heure et dans laquelle il a *démontré* l'existence d'une
force vitale immatérielle : « Pour être démontrées
d'ordre matériel, ces forces qui donnent naissance à la
pensée, à la détermination d'agir, à la sensation du
juste ou du beau, doivent pouvoir être transformées
en forces mécaniques ou en dériver ; appliquées à la
matière, elles doivent faire naître de l'énergie transmuable dans les formes mécaniques, calorifiques, chimiques que nous connaissons. **Or il n'en est rien.**
*Qu'un animal, qui consomme durant les vingt-quatre
heures une quantité constante d'aliments pense ou non,
qu'il se détermine à agir ou non (pourvu qu'il n'agisse
pas), qu'il soit amibe, chien ou homme, pour une même
quantité d'aliments et d'oxygène consommé, il produira
la même quantité de chaleur et de travail ou d'énergie
totale équivalente.* Il n'y a **donc** pas eu, pour créer la
pensée ou la détermination d'agir, détournement d'une
partie de forces mécaniques ou chimiques, transformation de l'énergie matérielle en énergie de raisonnement, de délibération, de pensée. Ces actes, exclusivement propres aux êtres doués de vie, n'ont pas
d'équivalent mécanique. »

J'ai souligné, dans ce passage, les affirmations gra-

---

1. J'ai moi-même employé l'année dernière une comparaison
identique pour exprimer la même pensée (*Théorie nouvelle de
la vie*, p. 10, 11).

tuites qui constituent *toute* la démonstration. Comment peut-on savoir qu'une amibe *se détermine à agir* et n'agit pas? Les déterministes pensent avec Huxley que, si les amibes sont conscientes, les sensations accompagnent [1] chez elles les réactions chimiques dont leur substance est le siège (conscience épiphénomène).

M. A. Gautier pense le contraire, mais personne n'a le moyen de démontrer directement le bien fondé de l'une ou l'autre de ces croyances, et par conséquent il est illogique de prendre l'*affirmation* de l'une ou de l'autre comme point de départ d'une démonstration. « Il serait absurde, continue M. A. Gautier, de dire que la sensation d'une impression, même d'une image physique extérieure, sa comparaison avec des impressions déjà reçues et la détermination d'agir qui peut suivre la pensée ou le jugement porté, ont un équivalent mécanique : *sentir, comparer et vouloir n'est pas agir*, et seul l'acte matériel est transformable dans les diverses formes de l'énergie qu'il représente. » Si *agir* est pris dans le sens d'exécuter un mouvement visible, extérieur au corps, il est certain que l'homme peut vouloir sans agir, mais si ce même mot implique seulement comme il est logique, et comme cela ressort d'ailleurs de l'avant-dernière citation de M. Gautier, l'idée d'un travail mécanique intérieur ou extérieur, on n'a pas le droit d'énoncer sans démonstration les affirmations précédentes, car elles reviennent à ceci : qu'il peut y avoir travail psychique dans un cerveau au repos chimique. Or tout ce que l'on sait actuellement semble prouver le contraire.

1. Voyez *Le déterminisme biologique* (Bibl. de philosophie contemporaine).

*
* *

Voilà notre espoir encore une fois déçu ; la nouvelle démonstration qui devait faire cesser le différend entre les vitalistes et les déterministes s'appuie uniquement sur des affirmations gratuites. Quelle est donc la cause de ce différend séparant des chercheurs également pleins du désir de la vérité et qui interprètent de deux manières contradictoires tous les faits d'observation et d'expérience ?

Nous la trouverons dans une question de méthode que M. Fonsegrive expose de la manière suivante [1] :

« M. Bergson, pour commencer sa recherche, se place à un point de vue tout opposé à celui de M. Le Dantec...; M. Le Dantec n'a voulu considérer que les phénomènes matériels, et par une inévitable conséquence de ce parti pris initial, il n'a su découvrir rien en dehors d'eux ; M. Bergson, suivant en cela la méthode générale des philosophes modernes depuis Descartes, s'est placé dans la conscience psychologique, et c'est de l'analyse de cette conscience qu'il arrivera à faire sortir les conséquences métaphysiques.

« Que cette méthode soit la plus scientifique, la seule, dirais-je, qui soit scientifique et rigoureuse, c'est ce qu'il est aisé de montrer. Car la méthode consiste à partir du connu et de l'incontesté, à aller au contesté et à l'inconnu. Or, qu'est-ce qui est plus immédiatement connu, plus incontesté que le phénomène de conscience ? M. Le Dantec lui-même, qui conteste la valeur et la portée significative de l'état de conscience [2], n'essaie pas d'en contester l'existence, et s'il n'en conteste pas l'existence, comment ne voit-il

---

1. Fonsegrive, *Livres et idées* (*la Quinzaine*, 1ᵉʳ février 1897).
2. Voyez plus haut les citations de MM. A. Gautier et Hannequin.

pas que ces états successifs des agrégats plastidaires auxquels il veut réserver le nom privilégié de « *phénomènes* »,
ne lui sont connus d'abord que par la conscience qu'il a
quand il les constate? C'est donc la conscience qui est et
qui doit être la base de toute recherche,... c'est donc la
méthode psychologique qui doit guider nos recherches et
leur fournir, en même temps, un aliment. »

Il y a donc deux méthodes de recherches, et deux
méthodes dont les points de départ sont tout à fait
opposés. Les psychologues emploient la méthode psychologique parce qu'ils la croient la meilleure, les
physiologistes emploient la méthode physiologique
pour la même raison. Si l'on observe la lutte sans
parti pris, on est bien forcé d'admettre que les deux
méthodes sont soutenables puisque tant de bons
esprits emploient l'une et l'autre. Mais, pour être également logiques, deux méthodes peuvent avoir une
valeur différente suivant le degré de précision qu'elles
permettent d'atteindre et les chances d'erreur aux-
quelles elles exposent. C'est à ce point de vue que se
placent les physiologistes et les psychologues pour
choisir chacun la leur, et seuls les résultats montre-
ront qui a tort et qui a raison. Actuellement on ne
peut décider de la valeur des méthodes que par des
considérations étrangères à la science.

Mais les psychologues ne devraient pas condamner
à l'avance, comme forcément incomplets, les résultats
des investigations des physiologistes, en affirmant
qu'ils nient *a priori* tout ce qui n'est pas matériel.
J'observe une amibe à l'état de vie élémentaire manifeste; je l'étudie avec soin et je constate que *tous* les
phénomènes observables chez elle s'expliquent par la
physique et la chimie; j'en conclus qu'il est *inutile* de

faire intervenir dans leur explication l'influence d'un
principe immatériel dont je ne nie aucunement l'existence, puisque, comme le fait remarquer M. A. Gautier :
« La vraie science ne saurait rien affirmer, mais aussi
rien nier, au delà des faits observables de la matière
et de l'entendement ». En remontant petit à petit, des
amibes jusqu'à l'homme, la série ascendante des êtres,
je constate que je puis m'expliquer par les seules lois
de la physique et de la chimie tout ce qui se passe
chez les êtres *autres que moi* et je conclus au déterminisme humain. Puis j'arrive à moi-même, et, comme
je n'ai pas la présomption de me croire différent de
mes semblables, j'essaie, pour être logique, de concilier ce qui se passe en moi avec ce que j'ai observé
chez les autres, d'établir la liaison du subjectif à
l'objectif sans faire une seule hypothèse qui soit en
désaccord avec les lois du déterminisme dont j'ai
constaté la généralité. Et cela m'amène à croire, *en
toute bonne foi* et sans parti pris initial, que la liberté
morale *absolue* n'existe pas, mais que la liberté individuelle, dont chacun sait qu'il est doué, n'est pas en
contradiction avec les conquêtes de la science.

Les psychologues emploient la marche inverse. Ils
commencent par étudier le subjectif pour passer ensuite
à l'objectif; puis, descendant l'échelle animale au lieu
de la remonter, ils arrivent à des êtres aussi simples
que l'amibe ou la bactérie. Mais là, quelques-uns
d'entre eux essaient de tourner la difficulté en niant
le déterminisme établi rigoureusement pour ces êtres
inférieurs.

Les physiologistes arrivent d'abord au déterminisme
et sont obligés ensuite de concilier le déterminisme
avec la liberté individuelle dont chacun se reconnaît

doué; les psychologues partent de la liberté individuelle, mais ils sont obligés ensuite de la concilier avec
le déterminisme indéniable chez les êtres inférieurs.
Les deux méthodes conduisent donc forcément à des
difficultés *de même ordre*, et il est par conséquent difficile de décider d'avance quelle est la meilleure; chacun
suit l'une ou l'autre par goût naturel, mais il est certain que, dans un avenir plus ou moins éloigné,
l'accord finira par s'établir, car il est incontestable
que l'on ne peut tirer des mêmes faits des conclusions
opposées. Et cet accord sera la seule démonstration
possible de la valeur logique de l'une et l'autre
méthode. Quand cet accord se produira-t-il? M. Errera[1]
nous laisse espérer que cela ne tardera pas : « Toute
l'histoire de nos idées sur la vie semble faite d'oscillations entre deux théories contraires, et l'on pourrait
craindre que tant d'efforts soient demeurés stériles.
Mais en réalité l'amplitude des oscillations diminue,
le terrain commun et indiscuté s'élargit de plus en
plus, et l'oscillation perpétuelle s'accompagne d'un
perpétuel mouvement en avant[2]. »

En attendant que l'accord se fasse définitivement,
on est en droit de chercher quelle est la source de la
querelle interminable due à l'emploi de ces deux
méthodes opposés d'investigation; c'est la notion
d'individualité qui est à la base de toute la discussion,
comme j'espère le montrer dans le prochain chapitre.

1. L. Errera, *op. cit.*, p. 25.
2. Ce chapitre a paru dans la *Revue encyclopédique* en mai 1897.

CHAPITRE II

L'INDIVIDUALITÉ DANS LE TEMPS

Nous avons l'habitude de désigner par le même nom, à deux moments différents, un individu donné. Il est certain que, pour la conversation courante, cette habitude est indispensable; sans elle il serait impossible de s'entendre au sujet des événements de la vie de tous les jours; mais il ne faut pas que cette nécessité de la conversation influence l'explication scientifique des phénomènes de la biologie. Nous sommes tentés de considérer comme *identiques* deux objets que nous désignons de la même manière et nous oublions qu'un laps de temps, même très petit, introduit toujours une variation plus ou moins considérable dans un homme donné. L'individu que nous appelons A au temps t est différent de celui que nous appelons encore A au temps $t + dt$, et que nous devrions appeler $A + dA$, dA représentant la variation subie par l'individu pendant l'intervalle dt. La variation dA est assez faible, du moins quant à l'apparence extérieure, pour qu'elle ne nous empêche pas de *reconnaître* A dans $A + dA$. Autrement dit, pour un intervalle dt assez petit, A + dA ressemble plus, extérieurement, à A qu'à tout autre individu B de la même espèce. C'est pour cela que, lorsque nous nous livrons à l'observation continue d'un individu, une appellation unique A, indépendante du temps, nous suffit pour distinguer cet individu des autres individus similaires. Mais il ne faudrait pas oublier que cette appellation A, rigoureuse au temps *t*, par définition, n'est déjà plus qu'*approchée* au temps *t + dt*.

« Le temps, dit Pascal, guérit nos douleurs et nos querelles, parce qu'on change, *on n'est plus la même personne.* »

Malheureusement, l'abus de langage qui consiste à appeler du même nom deux choses *A* et *A + dA*, conduit le plus souvent à considérer comme identiques ces deux choses désignées par le même nom et c'est même un argument favori des psychologues que celui-ci : *La même personne* (?) à deux moments très voisins peut vouloir des choses différentes dans des conditions identiques, *donc* la volonté est libre et n'est pas soumise au déterminisme des lois de la physique et de la chimie [1].

Chaque fois qu'il est question de l'automatisme animal ou humain, on compare l'animal ou l'homme à une machine *physique*, répondant d'une manière déterminée, par le moyen de rouages, de ressorts et autres appareils *physiques*, à une impulsion extérieure. Un ressort peut se tendre des milliers de fois, un rouage exécuter des milliers de tours, sans subir de modification appréciable; l'agencement du mécanisme

[1]. C'est aussi le raisonnement qu'a employé M. Armand Gautier dans la *Rev. gén. des sciences* du 15 avril 1897, pour *démontrer* l'existence d'une force vitale immatérielle. Voyez plus haut, p. 20.

d'horlogerie n'aura pas varié par suite de son fonctionnement et, à des moments très différents, il
répondra de la même manière à la même impulsion
extérieure.

Or il en est tout autrement des éléments constitutifs
de l'organisme humain. Certes, les variations physiques
que l'on y peut apercevoir de l'extérieur sont inappréciables quand il s'est écoulé peu de temps entre les
deux observations successives, et c'est là précisément
la cause de la croyance à une identité parfaite de
structure entre les deux objets considérés. Et même,
avec nos moyens actuels d'investigation, nous serions
bien en peine de déceler par l'observation directe les
variations physiques qui se sont produites dans le cerveau s'il nous était donné d'en voir les éléments à
travers le crâne; les modifications macroscopiques sont
à peu près nulles, mais il y a des modifications micros-
copiques qui, très faibles en elles-mêmes, ont un
retentissement énorme sur le fonctionnement général
de l'organisme parce qu'elles changent les rapports de
contiguïté des divers éléments cérébraux. Imaginez
une vaste machine, très complexe, mue par l'électricité
et contenant dans un fouillis de fils conducteurs des
milliers de petits commutateurs peu apparents. Un
changement apporté dans l'état de quelques-uns ou
même d'un seul des commutateurs pourra échapper à
l'observation minutieuse de la structure de l'appareil
et avoir néanmoins, sur son fonctionnement général,
un énorme retentissement.

Seul le mécanicien spécialiste qui connaîtra à un
moment donné la disposition exacte de *tous* les commutateurs pourra prévoir le résultat du passage du
courant dans la machine. Pour tout autre observateur

ce résultat sera **indéterminé**, puisque, dans des conditions identiques, la machine *qu'il croit toujours identique à elle-même* exécutera des opérations différentes pour une même impulsion extérieure. Dans le cas de la machine humaine, le mécanicien conscient à chaque instant de la disposition des commutateurs (relations réciproques des neurones) sera la machine elle-même. J'ai essayé d'exposer ailleurs [1] comment on peut concevoir que cette machine soit à chaque instant consciente de son état, que la variation dA soit accompagnée d'une variation correspondante de l'état de conscience. J'ai montré d'autre part [2] que le fonctionnement de la machine animale étant de nature chimique, la variation dA de la machine est à chaque instant la conséquence de son fonctionnement même (assimilation fonctionnelle), contrairement à ce qui se passe pour une machine physique ordinaire qui, si elle est bien construite, ne subit aucune modification appréciable d'agencement, pour un fonctionnement même assez prolongé. Lorsqu'on discute la question de l'automatisme animal, il ne faut donc pas oublier que l'automate considéré est une machine constamment variable et que sa structure au temps $t + dt$ dépend de sa structure au temps t et de son fonctionnement, de son activité au sens le plus général du mot pendant l'intervalle dt. Il est même certain qu'un langage qui attribue un nom constant A à une machine sans cesse variable ne pourra pas ne pas conduire à l'erreur. Pourquoi A dans des conditions déterminées B au temps t agit-il différemment de *ce même* A dans

1. *Le déterminisme biologique et la personnalité consciente.* Bibl. de phil. contemporaine, Alcan, 1897.
2. *Théorie nouvelle de la vie,* Bibl. sc. internationale.

les mêmes conditions B au temps $t + dt$? Voilà un problème qui ne peut se résoudre puisque vous négligez d'avance dans son énoncé, par un abus de langage, la variation dA qui détermine la modification du fonctionnement.

Il peut paraître enfantin d'insister si longuement sur une chose si évidente, mais la cause d'erreur qui réside dans cette manière de s'exprimer est d'une importance capitale. Le langage individualiste de la biologie (et de la conversation courante en général) est en contradiction avec le langage rigoureux de la chimie, et c'est de cette contradiction des langages que dérivent les discussions stériles sur l'explication purement mécanique des phénomènes vitaux.

En chimie, on donne le même nom à des agglomérations quelconques, distinctes ou réunies, de molécules *identiques*. L'identité de noms est en rapport avec l'identité moléculaire et uniquement avec elle. Voici plusieurs petits tas x, y, z, de chaux vive. Je sais quelle est la nature de la substance de chacun des tas et quelles sont les propriétés qui en résultent; je puis prévoir ce qui se passera lorsque je mettrai en contact avec tel ou tel réactif la chaux vive de l'un ou l'autre des tas.

Si l'atmosphère est humide et chargée d'acide carbonique, je n'aurai plus, au bout de quelque temps, dans les tas x, y, z, la même substance qu'au début, mais bien de l'hydrate ou du carbonate de chaux; à ce moment encore je saurai prévoir les réactions *de cette nouvelle substance* si je puis connaître exactement *sa dénomination chimique*. La dénomination chimique rappelle uniquement la structure moléculaire des substances; cette dénomination est précise et ne s'applique qu'à des molécules identiques dont elle permet d'affirmer sans erreur possible toutes les propriétés.

Dans le langage biologique, au contraire, ou dans le langage courant d'où il provient, je m'attacherai à la dénomination *individuelle* des tas x, y, z, considérés comme masses de substance continues dans l'espace et dans le temps et je leur conserverai la même appellation tant qu'ils n'auront pas subi de modifications assez profondes pour m'empêcher de les *reconnaître*; autrement dit, j'appliquerai à des corps essentiellement différents, mais en apparence semblables, des dénominations identiques. Il est bien évident que cette manière de procéder diminue la précision du langage; il est bien certain aussi que deux interlocuteurs, dont l'un emploiera le langage chimique, l'autre le langage biologique, pourront discuter indéfiniment sans tomber d'accord, comme si deux rhéteurs soutenaient la même thèse l'un devant l'autre, l'un en français, l'autre en chinois.

On ne peut nier que le langage individualiste soit indispensable, mais il faudrait l'accepter comme une nécessité provenant de la complexité des phénomènes à décrire et l'abandonner ou du moins ne pas tirer de conclusions de ce qui est un simple artifice de langage, lorsqu'il s'agit de discuter l'interprétation des faits.

Voici une observation que chacun a pu faire en regardant de l'intérieur d'un appartement, d'un wagon de chemin de fer, une vitre verticale sur laquelle il pleut finement au dehors; des gouttes plus grosses que les autres se remarquent bientôt, adhérentes à la paroi extérieure; j'en choisis une A, à un moment donné t, et je l'étudie attentivement. *Elle* grossit petit à petit et se bombe vers l'extérieur, je m'attends à chaque instant à la voir glisser vers le bas de la vitre, *elle s'y décide enfin*, mais s'arrête bientôt en un point où *elle* trouve un obstacle quelconque. Près de ce point sont deux autres gouttes B et C à peu près également voisines du point où s'est arrêtée A. Aussi A *hésite-t-elle* quelque temps entre ces deux gouttes, puis finit par se décider pour B, vers laquelle elle s'élance brusquement. Considérablement grossie, par cette addition, elle ne peut plus rester suspendue au verre et continue vers le bas une marche de plus en plus rapide dont le tracé en zigzag est déterminé par la disposition des gouttes isolées que A *choisit* sur son parcours et ajoute à sa propre substance... Faites cette observation, et vous emploierez certainement toutes les expressions dont je viens de me servir; vous continuerez en particulier à appeler A la goutte d'eau dont vous suivez le mouvement, même lorsqu'elle se sera additionnée des gouttes B, C, etc., aussi volumineuses qu'elles, et vous lui continuerez cette appellation, uniquement parce que votre observation vous aura montré la continuité de son existence en tant que masse continue séparée du milieu ambiant. Vous aurez individualisé cette goutte d'eau et vous lui conserverez par suite un même nom, malgré les variations constantes de sa forme et de son volume. Encore ai-je choisi un exemple extrêmement simple dans lequel il n'y a pas modification chimique du corps observé; mais, y en aurait-il, que le langage resterait le même; A rencontre-t-elle une goutte d'encre qu'elle *s'incorpore*; sa substance n'est plus de l'eau; vous direz seulement qu'*elle* s'est noircie ou salie...

Tout cela est obligatoire et l'on doit de toute nécessité employer ce langage synthétique peu précis pour *raconter* en peu de mots un phénomène complexe dans lequel interviennent à chaque instant les dispositions relatives de milliers de molécules. Quand il s'agit d'une goutte d'eau comme celle dont je viens de citer l'exemple, l'emploi de ce langage ne présente pas d'inconvénients parce que nous savons à quoi nous en tenir, nous connaissons la part faite aux nécessités de la conversation dans les expressions imagées que nous employons, et il ne nous viendrait pas à l'idée de dire que la goutte d'eau A n'est pas soumise rigoureusement aux lois de la pesanteur parce que nous la voyons suivre un chemin tortueux pour descendre à la surface d'une vitre verticale. Nous sommes certains au contraire que le phénomène d'ensemble auquel nous venons d'assister est *uniquement* la résultante d'un grand nombre de phénomènes moléculaires qui sont *tous* rigoureusement soumis à la loi d'attraction en raison inverse du carré des distances; nous savons que si l'on nous donnait exactement au temps t la disposition de *toutes* les molécules qui entrent en jeu, nous pourrions en conclure la disposition nouvelle des mêmes molécules au temps $t + dt$, et que le mouvement de la goutte A, à un moment donné, est rigoureusement déterminé par les conditions réalisées à ce moment, malgré son apparence *capricieuse* et *fantaisiste*.

Donc, pour une goutte d'eau, le langage individualiste ne présente pas d'inconvénient; pourquoi n'est-il plus de même quand il s'agit d'un être vivant même très simple?

Considérons, par exemple, une amibe, à laquelle sa ressemblance avec une goutte d'eau a fait donner le nom de *amœba guttula*; une observation attentive au microscope nous la montre se déplaçant assez lentement à la surface d'un corps solide immergé avec des changements de forme (*amœba*, de ἀμοιβός, changeant) qui rappellent *à s'y méprendre* ceux de la goutte d'eau A quand elle glissait à la surface de la vitre verticale. La cause du mouvement de l'amibe est moins immédiatement évidente que celle du mouvement de la goutte d'eau ; elle réside dans des réactions chimiques engendrant des forces aussi bien déterminées que celle de la pesanteur [1], mais ces réactions chimiques sont peu apparentes à l'observation simple, et c'est là l'origine de l'interprétation vitaliste du mouvement amiboïde et du mouvement des protozoaires en général.

Aujourd'hui, les phénomènes sont mieux connus et l'explication mécanique de la genèse des forces d'où résulte le mouvement amiboïde est possible. Il n'en est pas moins indispensable, pour la simplicité du discours, d'employer le langage synthétique et individualiste que j'ai employé tout à l'heure à propos de la goutte d'eau : l'amibe *va* d'un point à un autre ; elle *rencontre* en chemin des corpuscules solides de petite taille, *hésite* entre plusieurs et *se décide* à englober l'un d'eux ; arrêtée par un obstacle, elle *change* de direction et *fait* un détour pour arriver à son *but...*

Ici, l'inconvénient est bien plus grand que pour la goutte d'eau, à cause de l'importance des variations chimiques dans la genèse même des forces qui produisent le mouvement. Que la goutte d'eau s'incorporât des substances différentes qui ne modifiaient pas sa fluidité, cela n'avait pas de retentissement sur le mouvement d'ensemble. Pour l'amibe, au contraire, ce retentissement est capital et l'on s'expose à de grandes

---

1. Voyez *Théorie nouvelle de la vie*, pp. 60, 61.

erreurs d'appréciation en désignant du même nom deux objets chimiquement différents; on s'expose en particulier à méconnaître le déterminisme rigoureux des phénomènes de la vie élémentaire.

Or c'est précisément pour les êtres vivants que le langage individualiste est toujours employé; c'est même pour eux qu'il a été créé, parce qu'ils subissent des changements extérieurs si faibles, en des temps relativement longs, qu'il est toujours facile de les *reconnaître*, quels que soient les phénomènes dont ils ont été le siège dans l'intervalle de deux observations. Ce n'est que par extension et seulement pour les objets qui jouissent de la même propriété de demeurer extérieurement reconnaissables, que le langage individualiste a été appliqué aux corps bruts; et encore, dans cette extension, il reste toujours sous-entendu que ce langage est *imagé* et métaphorique, tandis que, pour les êtres vivants, on arrive bien vite à croire qu'il est l'expression de la réalité absolue et à raisonner comme sur quelque chose de réel, sur cette individualité dont on a gratifié les êtres pour simplifier le langage. Le maintien de l'individualité devient le *but* de toutes les *actions* de l'individu. Voyez plutôt ce passage extrait du plus récent traité de zoologie paru en français [1] :

« La cellule *travaille*, elle se *nourrit*, elle se *divise*. Sa vie se résume dans ces trois fonctions essentielles...

Elle travaille, c'est-à-dire qu'elle fabrique continuellement des substances nouvelles, aux dépens de celles qui la constituent...

En fournissant les produits de son industrie, la cellule a, soit dépensé *in toto*, soit modifié dans sa

---

1. Delage et Hérouard, *Traité de zoologie concrète*, t. I, p. 18.

composition une partie de son protoplasme; elle s'est
usée : c'est la *désassimilation* [1]. ELLE DOIT DONC EMPRUN-
TER aux liquides alimentaires qui la baignent de quoi
se réconstituer dans son état initial... »

On voit que la notion d'individualité se trouve à la
base de toute la biologie, et il n'est guère nécessaire
d'insister, pour montrer combien est néfaste, si l'on y
voit autre chose qu'un artifice de langage, cette habitude de désigner par un même nom deux objets différents, puisque l'on raisonne ensuite sur deux objets
portant le même nom comme s'ils étaient semblables,
précisément parce qu'ils portent le même nom? Personne ne doute plus aujourd'hui que les phénomènes
biologiques soient de nature chimique, ou tout au
moins dépendent de réactions chimiques, quand ce ne
serait que de la respiration. Il est donc bien évident
que le langage chimique, donnant à chaque corps le
nom spécifique des molécules qui le constituent, serait
bien plus avantageux en biologie; je reprends l'exemple
choisi plus haut des trois tas x, y, z, qui au temps t
sont de la chaux vive. Pour savoir quelles seront les
propriétés de la substance du tas x au temps t_1, il sera
bien plus utile de savoir si c'est de la chaux vive ou de
la chaux carbonatée, que de connaître le nom du tas
auquel elle a été empruntée.

Mais est-il possible, dans l'état actuel de la science,
d'employer le langage chimique pour les êtres unicellulaires? Oui dans beaucoup de cas, quoique nous

1. J'ai essayé de montrer (*Théorie nouvelle de la vie*) que c'est
là une erreur; il est intéressant de signaler cette erreur ici, car
elle provient certainement du langage individualiste et de la
comparaison illégitime d'un être vivant avec une machine
physique ordinaire qui s'use à la longue en fonctionnant.

ne sachions pas écrire la structure atomique des substances plastiques. Grâce au phénomène d'assimilation, les substances plastiques spécifiques se reproduisent *identiques à elles-mêmes* au cours des réactions de la vie élémentaire manifestée; il suffit donc d'avoir donné, une fois pour toutes, un nom à chacune de ces substances dans une espèce déterminée, pour savoir exactement de quoi l'on parle quand on emploie le même nom après un intervalle plus ou moins long.

Seulement, les réactions de la vie élémentaire manifestée ne produisent pas que des substances plastiques; il se forme en même temps des substances accessoires. Si l'on représente par a l'ensemble des substances plastiques d'un plastide donné, la vie élémentaire manifestée se traduit, pour un laps de temps donné, par une équation chimique de la forme suivante [1] :

$$a + Q = \lambda\, a + R,$$

Q représentant des substances empruntées au milieu, R des substances accessoires non plastiques et λ un coefficient plus grand que 1.

Or il est bien certain que si la vie élémentaire manifestée est possible avec des substances Q différentes, et l'observation courante prouve que cela a lieu, les substances R résultant des réactions varieront avec ces substances Q. Mais, l'observation le prouve également, quelques-unes de ces substances R restent incorporées à la masse du plastide, de telle sorte que, malgré l'assimilation, le même plastide à l'état de la vie élémentaire manifestée peut avoir des propriétés diffé-

1. Voyez *Théorie nouvelle de la vie, op. cit.*

rentes dans des milieux différents, savoir, les propriétés
des substances R qui existent dans sa masse.

Ces quelques considérations prouvent qu'il est
indispensable, pour la clarté du langage, de savoir
distinguer dans un plastide les substances *a* des substances R, les substances constantes des substances
variables, et qu'il ne faut attribuer au plastide que les
propriétés de ses substances plastiques. Les expériences de mérotomie permettent dans certains cas de
faire avec certitude cette distinction délicate [1].

Pour avoir négligé cette distinction indispensable,
certains auteurs ont été amenés à nier l'existence
d'une assimilation *rigoureuse*, et ont affirmé que
l'alimentation modifie *un peu* les substances plastiques [2]. Il y a là une confusion évidente.

Les expériences de mérotomie [3] prouvent que les
propriétés des plastides dépendent de la *qualité* et non
de la *quantité* de leurs substances plastiques [4]; il suffira
donc de parler des propriétés chimiques de ces substances, et on atteindra une rigueur bien plus grande
qu'avec le langage individualiste. C'est surtout dans
l'étude de l'hérédité que cette méthode rendra des
services.

* *

Mais, dira-t-on, que faites-vous donc de la personnalité, dont vous ne pouvez certainement nier l'existence?
du Moi, dont vous ne pouvez contester la réalité? Il est

1. Voyez *Théorie nouvelle de la vie, op. cit.*
2. Delage, *l'Hérédité*, p. 803 et *passim.*
3. Voyez *Théorie nouvelle de la vie, op. cit.*
4. Au moins pas de la quantité absolue. Voyez *Évolution individuelle et hérédité* (Bibl. sc. internationale) (*sous presse*).

d'autant plus nécessaire de répondre à cette question dans un livre qui prépare à l'étude de l'hérédité que le parallélisme entre la physiologie et la psychologie doit être établi pour l'étude de l'hérédité des instincts.

Quand il s'agissait d'une goutte d'eau ou d'une amibe, les considérations sur l'individualité, la personnalité, n'avaient aucune importance; nous avons cependant vu que le langage individualiste ne pouvait être déterministe, alors que les phénomènes moléculaires considérés séparément étaient tous déterminés. C'est encore bien plus fort quand il s'agit d'un homme, constitué de milliards d'éléments du degré de complexité de l'amibe qui agissent synergiquement. On est bien obligé d'admettre que chaque molécule prise isolément a un sort déterminé, que chaque élément histologique, que l'ensemble de tous les éléments du corps ont un sort déterminé, mais le langage individualiste ne permet pas de l'expliquer, parce qu'il attribue une dénomination fixe à un agrégat essentiellement variable et fait disparaître ainsi les bases mêmes de la démonstration.

Fort bien; je puis me tromper quand j'observe les autres et que je leur suppose implicitement une constance de structure purement imaginaire, mais quand il s'agit de moi-même, quelles que soient les modifications dont je suis le siège, je sais que je reste *moi* et qu'il y a dans ma personnalité une continuité non douteuse. Il n'est pas difficile de se rendre compte de la nature de cette continuité par cette constatation que les changements qui surviennent en moi sont successifs et que chacun séparément est de peu d'importance par rapport à la grande masse des parties de moi qui, dans le même intervalle, n'ont pas varié. Soit Φ l'état de conscience correspondant à l'état physique A de mon être au temps t; au temps $t + d\,t$, j'aurai éprouvé des sensations diverses correspondant aux divers chemins parcourus dans l'intervalle dt par les diverses atomes qui me constituent (réactions chimiques), mais, par suite du phénomène d'assimilation, la somme de ces chemins, considérable en elle-même si l'intervalle dt a été témoin de sensations considérables, amène dans notre état physique A une variation dA extrêmement faible [1]; c'est à cette variation dA que correspondra le *souvenir* $d\,\Phi$ de la sensation éprouvée pendant l'intervalle dt, souvenir qui est souvent bien peu de chose par rapport à l'acuité de la sensation éprouvée pendant l'intervalle dt. Les atomes auront parcouru beaucoup de chemin, mais des chemins presque fermés et notre état dynamique constant semblera, par suite, à peu près statique. A $+\ d$A différera peu de A, $\Phi + d\,\Phi$ différera peu de Φ. Notre état de conscience sera donc une fonction *continue* du temps au sens mathématique du mot, sauf dans certains cas très spéciaux (sommeil, condition seconde, etc.), où interviendra une discontinuité spéciale et même la substitution à la fonction Φ d'une autre fonction Φ toute différente, sous l'influence d'un empoisonnement passager. L'empoisonnement disparaissant, la fonction redeviendra d'ailleurs la même, quand les neurones auront repris leurs précédents rapports de contiguïté (réveil).

C'est cette continuité de la fonction Φ qui nous donne l'illusion d'une personnalité constante; une fonction

---

1. Voyez *le Déterminisme biologique et la personnalité consciente*, deuxième partie.

continue n'est pas une fonction invariable et au bout
d'un intervalle assez long, au temps t_1, A qui était A_0
au temps t_0 sera devenu A_1, Φ, qui avait la valeur Φ_0
au temps t_0 sera devenu Φ_1 : « On change, on n'est
plus la même personne » (Pascal); seulement on
change petit à petit, et c'est pour cela qu'on ne s'en
aperçoit pas. Du temps t_0 au temps t_1 il peut y avoir eu
rénovation moléculaire complète de tous les éléments
d'un être, mais cependant cet être a été, à chaque instant dans l'intervalle, une masse de substance continue
séparée du milieu ambiant et dont un observateur
extérieur a pu suivre l'existence continue dans le
temps, en tant que masse isolée. L'état de conscience
variant parallèlement à l'état physique a été de même
continu dans le temps, et voilà tout. L'erreur consiste
à confondre les *fonctions* du temps A et Φ avec leurs
valeurs à des moments déterminés A_0, A_1, Φ_0 Φ_1. Or
cette erreur, le langage individualiste la commet forcément à cause de l'invariabilité du nom attribué aux
êtres.

Au point de vue de l'hérédité, par exemple, quand
on parle de la ressemblance du fils avec le père on
pense à ce qu'est le père au moment où l'on parle et
l'on s'étonne ensuite de voir apparaître les mêmes
caractères au même âge chez les parents et les descendants. Le fils est une fonction du temps comme le
père, et ces deux fonctions sont analogues pour l'un et
pour l'autre, mais les temps doivent être comptés pour
chacun d'eux à partir d'une origine différente.

Voici un moyen commode que j'ai déjà employé
précédemment (p. 27,) pour mettre en relief les erreurs
pouvant résulter du langage individualiste et aussi pour
les éviter autant que possible. Je suppose, hypothèse

toute gratuite d'ailleurs, qu'à un moment précis t_0 l'on construise un être identique à moi, atome à atome, et qu'on le place dans des conditions identiques à celles où je me trouve moi-même à ce moment précis. Il pensera ce que je pense, saura ce que je sais, voudra ce que je veux [1], fera ce que je fais dans les mêmes conditions; il aura les mêmes souvenirs que moi et croira par suite avoir le même passé. Nous serons deux Moi identiques, mais distincts. Si je suis à l'état de veille quand on construit mon Sosie, je saurai qu'il n'a pas le passé qu'il croit avoir, mais il aura de moi la même opinion. Si je suis endormi quand on le construit, il sera naturellement endormi aussi et la même cause nous réveillera tous deux, mais étant donnée la discontinuité de la personnalité pendant le sommeil, chacun de nous aura les mêmes raisons de considérer l'autre comme un faux moi; seul un observateur extérieur pourra savoir lequel de nous est le vrai moi s'il ne m'a pas quitté des yeux pendant que se construisait mon ménechme [2]. Et d'ailleurs, quel intérêt

1. Il fera la même chose que moi dans les mêmes conditions, personne ne peut en douter; or nous faisons ce que nous voulons; donc nous voulons la même chose, donc la volonté n'est pas libre, mais est déterminée par les conditions intérieures et extérieures.

2. Je suppose qu'on construise mon sosie pendant que je suis en syncope et qu'en même temps on me tue. Me réveillerai-je dans mon sosie? Autant évidemment que dans mon corps propre s'il n'avait pas été détruit. En syncope, j'ai cessé d'exister au point de vue psychique; quand je reviens à moi, je *renais*. Si l'on ne m'a pas tué, nous renaîtrons deux êtres identiques au même moment, je serai *deux* pour les autres, mais il y aura deux individualités séparées. L'homme est une série de renaissances consécutives réunies dans le temps par l'assimilation au point de vue physique, par la mémoire élémentaire, épiphénomène de l'assimilation, au point de vue psychique.

Mon sosie aura mes souvenirs, il se trompera donc, il se

présentera cette connaissance du vrai moi? aucun, évidemment. Nous sommes tous deux constitués d'atomes identiques dé carbone, d'oxygène, d'azote, etc., seulement ce ne sont pas les mêmes atomes. Mais suis-je moi-même constitué uniquement des mêmes atomes qu'hier? non certainement, et d'ailleurs, les atomes d'une même substance simple sont identiques et peuvent se substituer les uns aux autres sans qu'intervienne aucun changement.

Je me souviens d'un enfant que j'appelle moi; or, qu'ai-je de commun avec cet enfant? Je n'ai ni la même structure, ni le même caractère, ni les mêmes aptitudes, ni les mêmes connaissances. J'ai oublié bien des choses qu'il savait et je sais bien des choses qu'il ne savait pas. Suis-je constitué des mêmes atomes? Je n'ai peut-être plus un seul des atomes qui entraient dans sa composition. Et cependant je dis que c'était moi; je dis au contraire que mon sosie n'est pas moi.

Le *moi* est actuel et extemporané; il se prolonge dans le temps par suite de la continuité assimilatrice dont la mémoire consciente est l'épiphénomène. C'est par suite de l'assimilation que A et Φ sont des fonctions continues du temps. C'est par suite de l'assimilation

souviendra d'un enfant qu'il appellera moi (comme moi-même) et qu'il n'aura pas été; mais moi, l'ai-je été? Ai-je encore un des atomes de cet enfant? Pas plus que mon sosie. L'individualité des atomes constitutifs n'a aucune importance; si j'ai été nourri au moyen d'un gramme de sel marin pur, j'aurais tiré absolument même résultat de l'absorption du gramme voisin.
Heureusement le sosie n'est qu'une hypothèse irréalisable, commode seulement pour s'exprimer. Le plus souvent (raison), il n'arrive pas qu'un homme se souvienne de choses qui ne sont pas arrivées à l'être antérieur duquel il provient par continuité assimilatrice; cela n'arrive que dans les rêves et dans la folie. (Voyez *le Déterminisme biologique*, p. 139 sq.)

que moi enfant, masse séparée du milieu ambiant, je me suis transformé, *d'une manière continue en tant que masse séparée du milieu ambiant*, pour devenir ce qui est moi aujourd'hui. Et mon état de conscience s'est transformé d'une manière parallèle et également continue depuis mon enfance. Je suis aujourd'hui le résultat de tout ce que j'ai fait, de tout ce que j'ai pensé et appris; et voilà pourquoi le déterminisme biologique n'entraîne pas l'irresponsabilité individuelle, quoiqu'il soit synonyme d'irresponsabilité absolue. Tout change suivant qu'on se place au point de vue absolu ou au point de vue individualiste. Voilà pourquoi aussi l'existence du sosie hypothétique de tout à l'heure est impossible à cause de l'impénétrabilité de la matière. En admettant qu'on le construise de toutes pièces, identique à moi au temps *to*, il sera différent de moi au temps *to + dt*, puisque nous ne pouvons occuper tous deux la même place dans l'espace, ce qui serait nécessaire à la réalisation de conditions *identiques* [1].

Que c'est donc peu de chose, cette individualité sans cesse variable qui n'a d'autre caractère important que la continuité, au sens mathématique, de ses variations? Mais nous sommes tous des individus et nous ne pouvons nous exprimer sans employer le langage individualiste. Imaginez, hypothèse gratuite, une intelligence immatérielle analogue à celle qu'admettent les animistes, capable d'être renseignée sur tout ce qui se passe dans le monde; cette intelligence idéale ne verrait dans l'histoire du monde que des mouvements *déter-*

---

1. Il faudrait imaginer deux univers identiques et indépendants l'un de l'autre pour que deux êtres vivants pussent être et rester identiques, l'un dans chacun de ces deux univers.

minés d'atomes, mouvements déterminés dans lesquels n'entre aucune part de liberté ni de responsabilité.

Nous, individus, nous voyons, non les atomes, mais les individus qui en sont constitués; nous voyons dans l'histoire du monde l'activité des individus considérés comme entités permanentes, et nous ne pouvons employer que le langage individualiste qui accorde forcément à chaque individu la liberté morale et la responsabilité de ses actes, comme cela a lieu, quoique d'une manière beaucoup moins compliquée, pour la goutte d'eau qui descend le long d'une vitre verticale.

Mais si ce langage imagé, et forcément trompeur, puisqu'il conserve le même nom à un objet qui varie sans cesse, est indispensable à la conversation courante, on a le droit d'essayer de l'éviter dans les discussions scientifiques, pour lesquelles le langage précis de la chimie est évidemment préférable. Or, ce langage chimique, nous ne pouvons l'appliquer qu'à des plastides simples; en effet, grâce à l'assimilation, les substances plastiques *a* conservent leur structure atomique au cours des réactions de la vie élémentaire manifestée; nous pouvons donc en parler avec précision à condition de savoir exactement distinguer les substances *a* des substances *R* qui peuvent y être mélangées [1], et c'est là en effet une des choses les importantes de la biologie.

Mais dès que nous nous adressons à des êtres pluricellulaires, et que nous les considérons dans leur ensemble (individu), nous parlons forcément d'une masse de substances *a* mélangées de substances R, puisque ce sont des substances R, qui cimentent les éléments anatomiques; or ces substances R, essentiel-

---

1. Voyez plus haut l'*Équation de la vie élémentaire manifestée*.

lement variables avec les conditions de vie, jouent un
rôle capital dans le mécanisme de l'animal entier, mécanisme de plus en plus complexe avec le développement de l'être et auquel le langage individualiste est
seul applicable. On doit donc s'efforcer d'étudier le
mécanisme de l'hérédité d'œuf à œuf, de spore à spore
et non d'individu adulte à individu adulte; et dans l'être
pluricellulaire qui, au cours de l'évolution, prend place
entre l'œuf et l'œuf suivant, entre la spore et la spore
suivante, il faut s'habituer à voir seulement les plastides
constitutifs et non l'agrégat de ces plastides; on arrivera
plus facilement à ce résultat en commençant par étudier
l'hérédité chez les êtres unicellulaires et en s'élevant
successivement ensuite dans la série des animaux et
des végétaux supérieurs. On retirera de cette méthode
d'exposition un avantage immédiat, celui de séparer
deux questions différentes que l'on confond forcément
lorsqu'on étudie la ressemblance du fils adulte et du
père adulte, savoir l'hérédité proprement dite qui fait
que l'œuf fils ressemble à l'œuf père, et l'évolution
individuelle, l'embryogénie, qui peut être considérée
comme le réactif de l'œuf, réactif d'une sensibilité
extrême et capable de mettre en évidence des variations infiniment petites dans les compositions des pro-
toplasmas.

Avant de poursuivre ce sujet, je tiens à donner un
exemple de ce que peut produire l'erreur individualiste et je trouve cet exemple, aussi caractéristique que
l'on peut le désirer, dans les théories de E. D. Cope et
des néo-lamarckiens sur le rôle de la conscience dans
la formation des espèces et leur évolution progressive.

CHAPITRE III

Reprenant les théories de Lamarck sur le rôle du fonctionnement dans la formation des espèces, l'école néo-lamarckienne, dont E. D. Cope a été le représentant le plus autorisé, a établi tout un système dans lequel la kinétogénèse (genèse par le mouvement, mouvement étant pris dans son sens le plus large d'activité chimique ou physique) joue le principal rôle. Mais, par suite de l'erreur individualiste, Cope considère la conscience, l'effort conscient, comme cause primitive de tout mouvement de toute activité; voici un passage que j'emprunte à son livre le plus récent [1].

« Le fonctionnement étant d'une importance fondamentale dans l'évolution, *la cause de ce fonctionnement* est aussi une question capitale. Des contractions du protoplasma peuvent être déterminées par des excitations telles que des courants électriques et des réactifs chimiques, mais ce ne sont pas des excitations de cette

[1]. E. D. Cope, *The primary factors of organic evolution.* Chicago, 1896.

nature qui produisent ordinairement les contractions
d'où résulte le fonctionnement chez les animaux [1].
Dans les animaux qui possèdent un système nerveux,
il a été démontré que les contractions résultent seulement des excitations qui sont apportées par voie
nerveuse aux éléments contractiles, et l'énergie interne
qui représente pour ces éléments contractiles le
stimulus externe, est appelée énergie nerveuse ou
neurisme.

Dans les animaux dépourvus de système nerveux et
dans les plantes, on est en droit de supposer que les
excitations externes se transformeront en une énergie
de même forme, mais que cette énergie circule dans tout
le protoplasma contractile. Ce qu'il y a de très particulier dans les mouvements de la plupart des animaux,
c'est que leur direction a pour but immédiat, soit
d'éviter à l'animal une sensation désagréable, soit de
lui en procurer une agréable, ou les deux choses à la
fois. Nous avons les meilleures raisons de croire que
cela est vrai de la grande majorité des animaux,
parce que leur structure fondamentale est analogue à
la nôtre, et nous sommes en droit d'admettre qu'il en
est de même pour les formes les plus inférieures,
jusqu'à ce que le contraire ait été prouvé.

Lamarck a attribué les mouvements des animaux à
la nécessité de satisfaire leurs instincts, mais il n'est
pas entré dans la question métaphysique qui en
résulte. J'entre sur le terrain métaphysique en affirmant que le préliminaire nécessaire du mouvement

1. Voilà une affirmation gratuite sur laquelle va reposer toute
la théorie du rôle de la conscience dans l'évolution. Voyez
Théorie nouvelle de la vie, livre I.

est l'*effort* et je distingue les mouvements *volontaires*
des mouvements automatiques.

Sans organes spéciaux de mouvement, une grande
partie des phénomènes de kinétogénèse n'auraient pas
existé, car il est évident que la sélection naturelle ne
peut agir si elle n'a pas de matériaux, c'est-à-dire des
variations [1] à trier. Comme explication de l'origine des
organes de mouvement, nous trouvons la faculté de
l'être primitif ou protozoon de projeter des portions de
la substance de son corps, de pseudopodes qui, dans
les formes plus spécialisées, deviennent persistantes et
plus ou moins rigides (flagella, cils vibratiles, etc.). Tels
sont les premiers organes qui servent à transporter le
corps d'un point à un autre. Les causes qui déterminent ces changements sont encore obscures, mais
que l'usage de ces organes, une fois qu'ils ont apparu,
soit dû à des stimulus semblables à ceux qui déterminent les mouvements des membres des animaux
supérieurs, cela est tout à fait probable [2]. Quelle que
soit sa nature, tout mouvement animal qui n'est pas

1. Or, les variations ne proviennent que du fonctionnement
pour les néo-lamarckiens. Darwin a insisté lui-même bien
souvent sur le fait que « la sélection ne peut être la cause
déterminante de l'existence de deux alternatives entre lesquelles
elle choisit; les alternatives doivent exister avant que la sélection commence son œuvre ». (*Origine des espèces.*)

2. Je le crois également, mais il me semble que l'on doit
renverser le raisonnement pour être logique; tous les mouvements des êtres monoplastidaires peuvent s'expliquer par des
phénomènes physico-chimiques (voyez *Théorie nouvelle de la vie*,
chap. II); or les mouvements des membres des animaux supérieurs sont la résultante des mouvements des plastides qui
les composent, donc les mouvements des êtres supérieurs
peuvent s'expliquer par des phénomènes physico-chimiques
sans intervention de principe immatériel. Le raisonnement
de Cope est entaché de l'erreur anthropomorphique.

4

automatique *résulte d'un effort*. Et comme aucun mouvement adapté n'est automatique la première fois qu'il
est exécuté[1], *nous devons regarder l'effort comme la
source immédiate de tout mouvement.* L'effort est un état
conscient, la sensation d'une résistance à surmonter. »

Ici Cope ouvre une parenthèse, pour battre en brèche
la théorie de la conscience épiphénomène que Huxley
a si nettement exprimée. Il cite à ce propos les
curieuses expériences de Pouchet sur le mimétisme
volontaire des gobies et des turbots, et d'autres qui
lui sont personnelles sur certaines espèces de rainettes. Dans ces rainettes, les chromatophores sont
tels, lorsqu'ils ne sont pas soumis à une influence nerveuse énergique, que la couleur générale de l'animal
est verte; l'animal est vert quand il est sur des
feuilles; il devient brun quand on le pose sur de
l'écorce; mais si on lui enlève les yeux, il reste vert
quelle que soit la couleur du sol sur lequel il est placé.
Cette expérience ne prouve pas le moins du monde que
son auteur ait raison contre les partisans de la théorie
de la conscience épiphénomène.

Si vous enlevez à un organisme les seuls éléments
histologiques qui soient susceptibles d'être impres-
sionnés *chimiquement* par les radiations lumineuses,
vous ne devez pas vous étonner que cet organisme ne
réagisse plus comme il le faisait naguère sous l'influence de ces radiations. Voici un piano qui résonne
chaque fois que vous produisez à côté de lui un son

---

1. Voilà encore une affirmation gratuite; pour les êtres inférieurs au moins, l'explication mécanique des mouvements est
facile et la sélection naturelle suffit à expliquer l'adaptation des
mouvements et des formes. C'est cette seconde affirmation gratuite qui est la base de tous les raisonnements suivants.

déterminé; vous enlevez à ce piano toutes les cordes capables de rendre le son en question ou ses harmoniques; le piano ne résonnera plus comme il le faisait naguère lorsque vous produirez ce son auprès de lui; et vous ne songerez cependant pas à attribuer au piano une volonté libre; or c'est le raisonnement de Cope.

Il continue par une série d'exemples qu'il emprunte aux marques d'intelligence données par les animaux, par les fourmis surtout qui, si souvent, prennent une détermination raisonnable dans des circonstances qu'elles n'avaient certainement jamais rencontrées encore; ces exemples sont destinés, comme le précédent, à réduire à néant les théories déterministes. Je ferai à ce propos une remarque générale : Chaque fois que l'on constate chez un animal une preuve d'intelligence comparable à celles que donnent quotidiennement les hommes les plus inférieurs, on y cherche un argument contre le déterminisme biologique général. Mais ce n'est vraiment pas la peine de chercher si loin; tant qu'on n'aura pas trouvé un animal plus intelligent que l'homme, il sera inutile de chercher, en dehors de notre espèce, des arguments contre le déterminisme. Au contraire, plus l'on trouvera dans le règne animal, d'exemples d'une intelligence comparable à celle de l'homme, plus on contribuera à établir qu'il n'y a pas de ligne de démarcation nettement tranchée entre les hommes et les protozoaires et plus, par conséquent, l'on sera conduit à admettre le déterminisme humain [1]. Dans tous les cas il est illogique de chercher dans quelques faits plus ou moins bien observés, des preuves

1. Voyez le *Déterminisme biologique et la personnalité consciente.* (Bibl. de phil. contemporaine.)

que l'on peut tirer sans peine de faits beaucoup mieux
connus de notre vie courante. Le livre de Romanes
(*Instinct et Intelligence des animaux*) est le plus solide
étai de la théorie déterministe qu'il est destiné à combattre. Il permet d'établir que les animaux ne doivent
pas être, comme le voulait Descartes, considérés
comme étant des automates, *plus que l'homme*, mais
seulement autant.

Enfin, Cope rapporte pour terminer cette discussion,
l'histoire du mouvement des myxomycètes d'après
Stahl. On sait que les myxomycètes sont des champignons inférieurs ayant, à un moment de leur existence, la forme d'un plasmode amiboïde doué d'un
chimiotropisme, d'un héliotropisme, d'un géotropisme
énergiques : « à tous ces mouvements, il est difficile
d'attribuer, dit-il, une cause différente de celles qui
déterminent l'activité des animaux supérieurs; quelle
forme d'énergie inorganique pourrait-on citer qui
suffit à faire changer la position d'un myxomycète, de
manière à le préserver des dangers, et sans aucune
considération des lois de la gravitation (géotropisme
négatif) ou de toute autre forme d'attraction et de
répulsion [1]? » J'ai donné ailleurs [2] une explication
mécanique de tous les tropismes et je n'ai pas à y
revenir ici, mais je prends acte de l'affirmation de
Cope en la retournant encore : « quelle cause différente
peut-on attribuer à l'activité des animaux supérieurs,
autre que celle qui détermine l'activité de chaque élément histologique ou d'un myxomycète? or il est
aujourd'hui scientifiquement établi que les mouvements
des myxomycètes et des plastides isolés sont absolu-

---

1. Cope, *op. cit.*, p. 503.
2. *Théorie nouvelle de la vie*, chap. II.

ment *déterminés* par les conditions d**)** milieu, donc, quelle que soit l'apparence contraire, les mouvements des mammifères le sont aussi et la sensation d'*effort* est un épiphénomène inactif. » N'oublions pas que Cope est paléontologiste et non physiologiste, et qu'il en est à peu près de même de tous les néo-lamarckiens, et cela explique leur manière de voir : « L'observation ordinaire de la plupart des animaux nous amène à croire que leurs mouvements sont provoqués par des sensations [1] comme la faim, la soif, etc., et aussi la vue, l'ouïe, l'odorat quand ils sont doués de ces sens. Il y a des physiologistes qui ne veulent pas l'admettre, mais je dois insister sur l'importance d'une étude psychologique et non physiologique des animaux pour obtenir des informations dans cette direction. En observant des animaux morts ou mutilés [2] on perd le moyen de constater les phénomènes évidents de conscience. On a essayé d'identifier la faim, par exemple, avec une énergie chimique, proposition qui est *simplement irrationnelle*...... L'observation des animaux vivants montre, de la manière la plus concluante, que le plus grand nombre des espèces sont capables d'exécuter des actes, en réponse à de nouvelles situations, actes en vue desquels aucun mécanisme automatique [3]

1. Plutôt, à mon avis, par les réactions chimiques qui sont accompagnées de ces sensations.
2. Cope oublie, peut-être à dessein, que l'on fait aujourd'hui beaucoup de physiologie, sur les animaux inférieurs particulièrement, sans blesser ni mutiler les sujets en expérience.
3. Automatique est pris ici dans un sens inadmissible; ce mot doit être considéré comme désignant un mouvement opéré par un être ou une machine, indépendamment de toute impulsion étrangère à sa substance. Cope l'emploie dans le sens d'invariable. Voyez la définition de l'instinct et de l'intelligence dans *le Déterminisme biologique. Op. cit.*

4.

ne préexistait. La mémoire [1] se manifeste clairement dans ces actes, et par suite, des jugements se forment qui déterminent les opérations ultérieures..... *J'ai appelé* **archesthétisme** *la doctrine que les états conscients ont précédé les organismes dans le temps et l'évolution.* La faiblesse de cette doctrine vient de notre ignorance au sujet de la conscience et des sensations des Protozoaires [2]... »

Voilà une doctrine nettement exprimée; je suis si peu porté à l'adopter que je serai obligé de m'en tenir au texte même de l'auteur américain pour être sûr de ne pas dénaturer sa pensée; je choisis donc dans les pages suivantes quelques phrases qui complètent sa manière de voir :

« Les formes de pensée, qui sont impondérables, dirigent les mouvements des muscles qui sont pesants... Le fond de mon système est la conviction que *l'énergie peut être consciente*, mais comment concilier cela avec tant de faits naturels dans lesquels la conscience joue un rôle si infiniment petit? C'est que *l'énergie, devenue automatique* [3], *n'est plus consciente,* ou est en train de devenir inconsciente...., *il est clair que, chez les animaux, l'énergie en perdant la conscience, subit une métamorphose régressive* [4]. Regarder la conscience comme la condition primitive de l'énergie, c'est renverser

---

1. La mémoire que nous constatons chez les autres peut ne pas être consciente; il y a un phénomène de mémoire accompagné d'un épiphénomène.

2. Cope, *op. cit.*, p. 505. Voyez *Théorie nouvelle de la vie.* Introduction.

3. Encore ce mot automatique employé dans un sens qui n'est pas clair; voyez la note à ce sujet, un peu plus haut.

4. Cette question sera développée un peu plus loin sous le nom de *catagenèse.*

l'ordre d'évolution ordinairement admis. On considère le plus souvent que la vie dérive d'énergies inorganiques par suite d'une organisation moléculaire très complexe et que la conscience (sensibilité) est le complément ultime de l'énergie nerveuse (ou équivalente chez ceux qui n'ont pas de nerfs) possédée par les corps vivants. L'insuccès des essais de génération spontanée sera fatal à cette théorie. Avec ce que nous savons aujourd'hui, nous pouvons affirmer que non seulement **life has preceded organization** (!!), mais encore que *consciousness was coincident with the dawn of life* [1]. » Il est difficile de s'exprimer plus catégoriquement, et je crois que les quelques passages précédents suffiront à donner une idée du système de Cope; voici encore cependant une autre forme sous laquelle il le résume : « Il est *évident* (??) que la sensation (conscience) a précédé, dans le temps et dans l'histoire, l'évolution de la plupart des plantes et des animaux unicellulaires ou multicellulaires; il apparaît donc que, si la kinétogenèse est vraie, la conscience a été essentiellement nécessaire à l'échelle ascendante de l'évolution organique [2]. »

Il ne me reste plus, pour avoir exposé l'ensemble du système de Cope, qu'à parler de ce qu'il appelle l'anagenèse et la catagenèse :

« Maintenant que nous connaissons le rôle de la conscience dans les opérations animales, nous pouvons

1. Cope, *op. cit.*, p. 508.
2. Cope, *op. cit.*, p. 509 : « Les animaux, ajoute-t-il, qui ne peuvent accomplir les simples actes de défense personnelle doivent périr tôt ou tard; on ne peut donc comprendre que tous les animaux inférieurs n'aient pas été détruits s'ils n'avaient pas été doués de conscience ». Mais c'est justement l'une des choses qu'explique le mieux la sélection naturelle.

fort bien comprendre l'origine et le développement des organes utiles, puisque, nous l'avons vu, l'usage, l'activité, a modifié la structure des organismes (kinétogenèse). Et nous pouvons comprendre aussi comment, par parasitisme ou par tout autre moyen de vivre sans travailler, l'animal peut perdre ses membres et aussi sa conscience. Le repos continuel sera suivi d'abord de subconscience, puis d'inconscience. Ainsi se trace l'histoire de la dégénération dans le monde organique et en particulier peut-être l'histoire tout entière du règne végétal. De la faculté qu'ont les végétaux de fabriquer du protoplasme au moyen de substances inorganiques il résulte qu'il ne leur est pas nécessaire de se mouvoir pour chercher leur nourriture [1] et qu'ils n'ont pas besoin de conscience pour guider leurs mouvements... Au contraire, chez les animaux, on observe une intelligence croissante dans la série ascendante ; les plus intelligents sont certainement ceux qui ont survécu dans la série des temps géologiques (sélection naturelle). Ils ont survécu parce qu'ils étaient capables de concevoir les mouvements les plus avantageux, les opérations les plus utiles. Et, en dernière analyse, ces mouvements modifiaient leur structure dans un sens utile et perfectionnaient les mécanismes qui, d'une manière ou d'une autre, étaient utiles à leurs possesseurs [2]. » C'est cette évolution progressive que Cope appelle anagenèse.

Il est immédiatement évident que le raisonnement précédent est mauvais ; les animaux ne se sont pas perfectionnés par kinétogenèse parce qu'ils étaient

---

1. Et l'allongement des racines dans les milieux appauvris vers les endroits plus riches en aliments!
2. Cope, *op. cit.*, p. 510.

intelligents, ils sont devenus intelligents parce qu'ils ont été perfectionnés ; quelles que soient les idées de Cope sur la conscience et la vie préexistant aux organismes, je ne crois pas qu'il ait jamais songé à nier le rapport établi entre l'intelligence et la complexité de la structure cérébrale. La structure cérébrale a pu devenir complexe parce que les animaux ont exécuté des mouvements très divers et très nombreux, mais la kinétogenèse elle-même empêche de croire que cette structure cérébrale complexe et, par suite, l'intelligence correspondante, préexistaient à l'exécution de ces mouvements. Je ne saisis pas trop comment deux protozoaires, ayant besoin d'atteindre un objet éloigné, se créeront celui-ci une trompe parce qu'il est moins intelligent, celui-là un bras et une main parce que c'est plus commode et qu'il est plus malin [1].

Nous avons vu l'anagenèse ou évolution progressive ; voyons maintenant la catagenèse ou évolution régressive (de la conscience).

« Les mouvements des êtres organisés, lorsqu'ils sont souvent répétés, deviennent automatiques, réflexes, et enfin organiques (réflexes viscéraux). Cela représente la marche descendante de l'énergie à travers ses divers degrés, commençant par le plus haut ou l'état conscient et se terminant par le pur réflexe qui est aussi inconscient des modifications du milieu qu'une énergie physique quelconque. L'état conscient est évidemment (?)

---

1. Cette manière de s'exprimer peut sembler exagérée, mais c'est bien cela qui ressort du livre de Cope ; à propos de l'hérédité il dit par exemple : « A new character is not inherited unless it is acquired by germ-plasma as well as by the soma. » Comment un œuf peut-il acquérir l'allongement du cou ou l'atrophie des doigts latéraux de la main ?

celui qui est le plus susceptible d'être impressionné par les excitations extérieures et la catagenèse est un processus de dégénération vers des états de moins en moins conscients, de plus en plus mécaniques. La ressemblance des derniers degrés de l'activité organique avec l'énergie purement mécanique est telle que la plupart des évolutionnistes lui ont supposé une origine physico-chimique, mais je crois avoir démontré qu'il en est tout autrement et que la seule explication possible de leurs caractères est l'hypothèse de la *Catagenèse.*

Ainsi, les mouvements automatiques, involontaires, du cœur, des intestins, des systèmes reproducteurs, s'organisèrent, chez les animaux primitifs, dans des états successifs de conscience qui stimulèrent des mouvements volontaires devenus ensuite rythmiques... *Il n'est pas inconcevable que la circulation ait été établie par la souffrance d'un estomac surchargé demandant la distribution de son contenu* [1] (11). » Nous ne sommes plus si loin, n'est-ce pas, du protozoaire auquel je supposais tout à l'heure la faculté de se créer une main parce qu'il avait la fantaisie de se gratter. Il y a encore ensuite quelques exemples analogues sur lesquels je crois inutile d'insister.

Je citerai pour terminer la dernière formule et la plus définitive que Cope donne de son hypothèse de l'Archesthétisme :

« La conscience, aussi bien que la vie, a précédé l'organisme et a été le *primum mobile* dans la création de structure organique... Je crois possible de montrer que la vraie définition de la vie est *une énergie, dirigée*

---

1. Cope, *op. cit.*, p. 511.

par la sensibilité ou par un mécanisme qui s'est formé sous la direction de la sensibilité. Si cela est vrai, les deux propositions que la vie a préexisté à l'organisme et que la conscience a préexisté à l'organisme sont équivalentes [1]. »

Le rôle de la notion d'individualité est trop évident dans toute cette théorie de l'archesthétisme de Cope pour qu'il soit utile de le faire ressortir davantage.

1. Cope, *op. cit.*, p. 513.

CHAPITRE IV

QUELQUES OBJECTIONS AU DÉTERMINISME

« M. Le Dantec voudrait prouver que, dans l'organisme humain, comme dans celui des animaux (pour
lui c'est tout un), il ne se produit que des phénomènes
purement matériels, des phénomènes exclusivement
physico-chimiques; que ce que nous appelons des
instincts, des appétits, des volitions, ce ne sont que
des mouvements déterminés par les phénomènes organiques ou extérieurs. La valeur d'ordre immatériel
que nous leur attribuons n'est qu'une illusion. Et
pourquoi? Parce que, en vertu de la loi physique de
l'inertie, un corps ne peut modifier par lui-même son
état de repos et de mouvement. D'où il suit que tous
nos actes, quels qu'ils soient, sont fatalement déterminés par des causes matérielles extrinsèques. Quant
à la conscience, ce n'est point une activité, c'est un
simple appareil enregistreur, un *épiphénomène* de la
vie physiologique, un effet secondaire qui ne devient
cause de rien, *un détail insignifiant*.

« Le principe d'inertie reçoit ici, il en faut convenir,

une singulière application. Jusqu'ici il n'avait paru
applicable qu'au monde inorganique ; et s'il y avait à
l'utiliser en matière de physiologie, il semble que la
conséquence qui en découlerait logiquement, c'est
que les êtres vivants sont mus par quelque chose autre
que les agents purement matériels, puisque ceux-ci
ne peuvent se mouvoir par eux-mêmes. D'ailleurs, cet
état de conscience que M. Le Dantec, *sans le nier*,
réduit à un épiphénomène sans activité et sans valeur,
il a dû pourtant, lui, M. Le Dantec, s'en servir
pour prendre connaissance des transformations successives de ces plastides et associations de plastides
sur lesquels il fonde tout son système biologique ; il
n'aurait pu prendre connaissance de tous ces phénomènes sans son propre état de conscience, s'élever à
aucune considération, à aucune connaissance scientifique. Donc, avant d'en chercher l'origine et le rôle
dans un agrégat de cellules, et de lui dénier, par des
aphorismes tranchants, toute activité et toute initia-
tive, il eût été d'une logique élémentaire de commencer
par étudier quelque peu ce vaste monde intérieur de
la conscience, si complexe, si chargé de replis souvent
inexplorés. En un mot, avant de nier l'âme humaine,
il eût fallu commencer par se renseigner sur ce que
constatent, observent, étudient ceux qui croient en
elle et sur l'usage qu'on en fait soi-même ; il eût fallu,
autrement dit, connaître le sujet que l'on voulait
traiter [1]. »

Voilà le grand argument, l'argument individualiste
dans toute sa force ; il est bien certain que deux au-

[1]. Jean d'Estienne, *Revue des questions scientifiques.* Louvain
20 avril 1897.

teurs ne pourront jamais s'entendre si l'un d'eux considère *a priori* l'individu comme une entité, l'autre comme une résultante sans cesse variable d'un grand nombre d'éléments en mouvement. Le langage courant (et même tout langage humain, puisque le langage est lui-même une résultante complexe et ne peut être qu'individualiste) se prête bien mieux à la thèse du premier à laquelle il est adéquat qu'à celle du second avec laquelle il est en contradiction flagrante et, du moment que mon adversaire me met en cause personnellement, je suis bien obligé de parler de *moi*, c'est-à-dire de donner un nom constant à une résultante essentiellement variable; mon raisonnement sera donc toujours attaquable au point de vue individualiste. Eh bien! il existe en *moi*, qui suis variable, une particularité *adulte* de structure, particularité qui résulte de tout ce que *j*'ai fait jusqu'à ce jour, de tout ce que j'ai observé ou qui *m*'a été enseigné, et à laquelle correspond cet épiphénomène psychique que *j'ai la conviction du déterminisme absolu*, c'est-à-dire, comme je l'ai écrit l'année dernière [1], que si la matière jouit, en dehors de ses propriétés physiques et chimiques, de la propriété de conscience, *je crois que tout se passerait* exactement de la même manière dans la nature si cette propriété de conscience était retirée à la matière, ses autres propriétés restant les mêmes. C'est-à-dire que *j*'écrirais en ce moment ce que *j*'écris et que *M. d'Estienne* sourirait en le lisant; seulement, en dehors du manque d'importance que cela aurait au point de vue absolu, cela n'en aurait plus non plus au point de vue indi-

---

1. *Le Déterminisme biologique et la personnalité consciente.* (Bibl. de philosophie contemporaine.)

viduel, puisque nos individualités psychiques n'exis-
teraient pas. *Je* suis donc bien loin de considérer,
comme me le fait dire mon adversaire, les épiphénomènes de conscience comme *un détail insignifiant*; *je*
crois, au contraire, que ces épiphénomènes ont *seuls* de
l'importance; il est vrai que cette importance est, à
mon avis, uniquement individuelle et par conséquent
sans valeur absolue, comme l'individualité psychique,
mais *j'*éprouve en écrivant ces lignes la sensation
épiphénomène que, si *je* me trompe dans *ma conviction*,
contraire aux convictions généralement admises, cette
conviction pourra néanmoins, précisément parce qu'elle
est contraire à celle des gens *raisonnables*, déterminer
chez ceux qui liront ces lignes un épiphénomène d'intérêt. Et ce n'est pas cette sensation épiphénomène
qui *me* [1] détermine à écrire, mais bien les phénomènes
très complexes qui se passent en *moi* et qu'elle *me* fait
connaître.

Tout ceci est une plaisanterie; du moment que l'*on*
parle, *on* doit employer le langage individualiste sans
essayer de se soustraire à sa forme très spéciale; il
vaut mieux éviter de parler de soi-même et parler des
individus similaires que l'on considère alors au point
de vue objectif, sans se souvenir, momentanément
du moins, qu'on est soi-même construit comme
eux.

M. d'Estienne me reproche encore « de *nier* l'âme
humaine sans avoir commencé par me renseigner sur
ce que constatent, observent, étudient, ceux qui croient

---

1. Dans tout le passage précédent, les mots *je*, *moi*, repré-
sentent à chaque instant, suivant les cas, la valeur de ma fonction *A* ou de ma fonction Φ, au moment considéré. (Voyez plus
haut, p. 52.)

en elle ». Heureusement M. Fonsegrive [1] me renseigne à ce sujet d'après M. Gardair : « M. Gardair lui apprendrait que la forme substantielle varie avec la constitution de chaque corps et que, cette forme substantielle, les philosophes la nomment « âme » lorsque dans un corps on voit se manifester une chimie telle qu'il y a assimilation et limitation définie de l'extension corporelle; en sorte que, pour la même raison qui pousse M. Le Dantec à dire les plastides vivants, les philosophes disent qu'ils ont une âme. *Et, disant cela, ces philosophes ne disent rien de plus qu'il ne dit lui-même.* Seulement ces philosophes tâchent après de ne pas oublier ce qu'ils ont une fois reconnu et, ayant constaté *une différence* entre les plastides et les corps bruts [2], ils ne disent pas que tout en ceux-là comme en ceux-ci s'explique par la mécanique et la chimie. Car de dire que c'est par *une autre sorte de chimie* [3], c'est changer le sens des mots et quelque peu, je le crains, se moquer du monde, à moins qu'on ne s'abuse soi-même tout le premier.... *Poser enfin en principe* que la conscience est un épiphénomène et tirer triomphalement de cette première assertion que l'homme est tout entier déterminé, cela ne peut se nommer, quelle que soit l'ingéniosité dont on fasse preuve dans les détails, qu'une énorme pétition de principe. Car il faudrait d'abord montrer que ces faits, les seuls que nous connaissions directement, à savoir les états de conscience, ne sont rien du tout... »

Ici, je suis obligé de réclamer; plusieurs critiques

1. Fonsegrive, *Livre et idées*, dans *la Quinzaine*, 1897, p. 417.
2. Mais cette différence est du même ordre que celle qui sépare un alcool d'une aldéhyde.
3. Qui a dit cela? J'espère bien que ce n'est pas moi.

m'ont reproché de nier *a priori* la valeur motrice de la conscience et de conclure ensuite au déterminisme; je me permettrai de faire remarquer que je fais tout le contraire et, quoique je l'aie déjà expliqué ailleurs [1], je rappellerai la marche des idées qui m'ont conduit, après Huxley et bien d'autres, à la conviction que la conscience n'est qu'un témoin inactif.

Chez les espèces vivantes assez simples pour que l'analyse complète de leurs phénomènes objectifs soit possible, une étude attentive, *faite sans aucun parti pris initial*, montre que *rien* n'est en contradiction avec le déterminisme physico-chimique absolu. En montant petit à petit l'échelle animale, et surtout en constatant par quels phénomènes *déterminés* les adultes dérivent des œufs, on conclut au déterminisme humain, sans que rien, au point de vue scientifique, permette d'en douter. Mais là, on se trouve arrêté par cette difficulté que l'on est soi-même un homme et que l'on se croit libre. Personne n'a jamais songé à nier les états de conscience; ce serait du dernier absurde, mais si l'on arrive à une conviction absolue du déterminisme humain objectif, on est bien obligé, pour tout concilier, de refuser à la conscience toute valeur motrice, de s'attacher à la théorie de la conscience épiphénomène. C'est ce que j'ai fait après bien d'autres. Cela heurte assez d'idées arrêtées pour que presque personne n'ait voulu accepter ma manière de voir; je crois que ces idées arrêtées proviennent de l'erreur individualiste et c'est ce que je m'efforce de montrer ici, mais je refuse de me laisser prêter la méthode suivante : « M. Le Dantec a par ailleurs néanmoins fait preuve d'un

1. Voyez p. 12.

esprit logique quand, *voulant aboutir au déterminisme*, il a réduit à rien la valeur des états de conscience [1] ». Je ne me suis pas proposé d'*aboutir au déterminisme*; j'y ai été amené fatalement par mes études objectives, et alors, j'ai été bien forcé de me rattacher à la théorie de la conscience épiphénomène sous peine de contradiction.

⁂

J'ai été amené plus haut [2] à considérer l'individu tant physiologique (*A*) que psychique (Φ) comme une fonction continue mais *variable* du temps, autrement dit que *la vie de l'individu est une série de renaissances successives réunies dans le temps par la continuité assimilatrice au point de vue physiologique, par l'épiphénomène corrélatif de cette continuité ou mémoire élémentaire au point de vue psychologique*. Je trouve intéressant de rapprocher de cette conception la *démonstration* suivante que les psychologues [3] donnent contre la théorie de la conscience épiphénomène :

« Le fait physiologique présente un caractère qui le distingue profondément du fait psychologique.

« Loin d'être le fond et comme l'essence du phénomène mental, on ne peut pas même concevoir qu'il puisse être conscient. Un mouvement, en effet, est, par sa nature même, continu et successif, de telle sorte que, à un instant quelconque de sa durée totale, il n'existe plus rien du mouvement passé et rien encore

---

1. Fonsegrive, *op. cit.*, p. 418.
2. Voyez p. 52.
3. Hannequin, *Introduction à l'étude de la psychologie*, p. 37 sq.

du mouvement à venir. Resterait donc seulement le
mouvement présent; mais comme on peut toujours,
au sujet de ce dernier, répéter le même raisonnement,
l'analyse le fait évanouir en une infinité de mouvements successifs, pendant chacun desquels il n'existe
pour ainsi dire même plus comme mouvement; en
tout cas il ne saurait être, en chacun de ses moments,
qu'un fragment infiniment petit du mouvement total [1],
et on n'aperçoit en lui rien qui lui permette de saisir
aucun des fragments qui l'ont précédé [2], ou aucun de
ceux qu'il va déterminer à sa suite et qui vont le pro-
longer. En un mot, le mouvement en soi apparaît
comme une multiplicité pure, incapable par elle-même
d'effectuer sa propre synthèse, et Aristote pouvait dire
qu'il n'est un tout, ni quand il commence, ni quand il
se continue, mais seulement quand il s'achève; encore
est-il évident qu'un mouvement qui s'achève n'est *total*
que dans son résultat, mais qu'en soi il a disparu et
qu'il n'est plus.

« Or une représentation mentale, un plaisir nettement senti, par exemple, a en soi une continuité
d'existence telle qu'il a en commençant ses caractères psychiques essentiels et qu'il les conservera pendant toute sa durée. Il est dès le début un *tout* [3], pendant que le mouvement est un devenir. Enfin tous ses
moments sont pour ainsi dire groupés en un seul : Le
présent de ma jouissance ne succède pas seulement à

1. Et nous, hommes, sommes-nous à la fois enfant et vieillard?
2. C'est l'assimilation qui distingue les corps vivants des
autres corps bruts; l'épiphénomène de l'assimilation est naturellement la mémoire élémentaire. (Voyez *Le Déterminisme biologique. Op. cit.*, chap. V.)
3. Il varie sans cesse avec le temps, mais peu à peu, d'une
manière continue, au sens mathématique du mot.

son passé; il le résume et, pour ainsi dire, le ramasse
en soi. La jouissance ne peut pas être instantanée; il
faut, pour qu'elle soit, qu'elle s'étende sur une durée
dont la représentation saisit, d'une seule vue, tous les
instants. Or réunir d'*une seule vue* le présent au passé,
telle est la mémoire; et telle est aussi, selon nous, la
condition première de la conscience, dont l'essence
même est d'être une synthèse... » C'est précisément de
la même manière que j'ai été amené à conclure, de la
nature de l'assimilation, à une existence psychique
continue dans le temps pour les plastides, tandis que
pour les corps bruts, la sensation moléculaire extem-
poranée n'a aucune importance. Je n'ai pas à m'étendre
de nouveau sur ce sujet [1].

*
* *

M. Boussinesq a essayé de concilier le déterminisme
physico-chimique et la liberté individuelle *absolue*. Il
a tiré de considérations mathématiques très ingénieuses
que : « les lois physiques, au sens précis qu'on leur
attribue d'ordinaire d'équations différentielles du mouvement des systèmes matériels, ne sont nullement
synonymes d'un *déterminisme absolu* dans lequel som-
breraient la liberté morale des êtres humains et leur
responsabilité. » Cela admis, la conciliation est immédiate; le déterminisme physique n'étant pas absolu, il
n'y a aucune raison d'admettre que les opérations
biologiques résultant d'un nombre immense de phénomènes chimiques extrêmement complexes soient
déterminées.

1. Voyez *Le Déterminisme biologique. Op. cit.*, chap. V.

Malheureusement, cette solution si simple n'est pas acceptable; on ne peut nier le déterminisme des phénomènes physiques, et si leur étude mathématique semble, dans certains cas, démontrer le contraire, c'est que, comme cela arrive souvent en analyse, le problème que résolvent les équations posées est plus général que celui en vue duquel elles ont été établies.

Pour ce qui est du désir de sauvegarder la responsabilité humaine, je crois qu'il provient d'une confusion entre le point de vue individuel et le point de vue absolu. Même en étant convaincu du déterminisme absolu, nous avons vu qu'on ne saurait empêcher que le langage individualiste fût seul applicable aux individus [1]; or ce langage donne une apparence de liberté, de volonté, à une goutte d'eau qui glisse le long d'une vitre verticale, et, *a fortiori*, à un être aussi compliqué qu'un homme. Mais n'est-ce pas déjà beaucoup que de ne pouvoir s'exprimer au sujet des hommes considérés comme individus sans leur attribuer une liberté et une responsabilité complètes? *Tout se passe*, au point de vue individualiste, *comme si* l'homme était libre, ou, du moins, nous sommes forcés de parler de l'homme comme s'il était libre et responsable. Lisez le livre de M. Binet : « Les altérations de la personnalité, » et vous serez édifiés sur la valeur *absolue* de la responsabilité humaine.

Seulement, nous ne nous plaçons jamais au point de vue absolu; il faudrait pour cela, comme je l'ai dit plus haut [2], imaginer une intelligence immatérielle analogue à celle qu'admettent les animistes, capable

1. Voyez p. 74.
2. Voyez p. 56.

5.

d'être renseignée sur tout ce qui se passe dans le monde ; cette intelligence idéale ne verrait dans l'histoire du monde que des mouvements *déterminés* d'atomes, mouvements déterminés dans lesquels n'entre aucune part de liberté ni de responsabilité. Quant aux individus constitués au moyen de ces atomes, ils naîtraient, croîtraient, mourraient, sans que cette intelligence idéale attachât à aucun d'eux une importance quelconque...

Que serait le hasard pour cette intelligence idéale? cela n'existerait pas, car tout est déterminé ; deux êtres distincts étant à peu près au courant de ce qui se passe en eux, chacun pour son compte personnel, se rencontrent sans l'avoir prévu, parce que chacun d'eux n'est pas au courant de ce qui se passe dans l'autre. Le *hasard* est une conséquence de l'erreur individualiste. Il cesse d'exister quand on se place au point de vue absolu.

Pour nous individus, la vie psychique seule a une importance quelconque ; elle n'en a aucune au point de vue absolu.

*
* *

Toutes les discussions que je viens de rapporter entre les déterministes et les partisans de la liberté humaine sont elles-mêmes une preuve du déterminisme et montrent en même temps le rôle énorme de l'éducation dans notre construction cérébrale. Les psychologues sont presque tous d'accord sur la liberté humaine, les physiologistes sont presque tous déterministes. Il y a peut-être quelques idiosyncrasies, quelques prédestinations, mais je crois que si les psychologues d'aujourd'hui avaient reçu l'éducation des physiologistes et *vice versa*, ce seraient les psychologues qui seraient déterministes. Il faut donc se résigner, quand on fait partie de l'un de ces groupes, à ne pouvoir ni acquérir les convictions de l'autre ni lui communiquer les siennes; l'important est seulement que ces discussions soient faites avec une entière bonne foi et sans aucune préoccupation extra-scientifique.

Je quitte maintenant ces questions délicates et si controversées pour en aborder une purement objective qui fait partie de l'étude de l'individualité dans le temps, celle de la vieillesse.

II

POURQUOI L'ON DEVIENT VIEUX[1]

CHAPITRE V

VIEILLESSE ET VÉTUSTÉ

La vieillesse est une chose si fatale pour l'homme, si inséparable chez lui de l'écoulement des années, qu'une synonymie absolue s'est établie dans le langage entre les deux idées : un homme qui est vieux a existé longtemps; un objet qui a existé longtemps est vieux. Les mots ancien, antique, etc., devraient cependant s'appliquer de préférence aux choses, ces adjectifs indiquant seulement qu'il s'est écoulé beaucoup de temps depuis que les choses existent et non que, depuis leur formation, les choses se sont modifiées comme se modifie un enfant qui devient un vieillard.

1. *Revue philosophique*, février 1897.

La plupart des objets subissent néanmoins, avec le temps, des changements caractéristiques permettant de distinguer d'un objet neuf un objet qui lui a été identique il y a longtemps. On donne le plus souvent le nom de *vétusté* à l'ensemble de ces changements. Mais il faut immédiatement remarquer que les modifications subies par deux corps identiques pendant un même temps ne sont pas identiques dans des conditions différentes. Deux monnaies anciennes sont plus ou moins bien *conservées* suivant les milieux où elles sont restées. On a trouvé à Pompeï des objets très bien conservés et paraissant neufs, tandis que des objets similaires, moins bien abrités contre les agents de destruction, ont subi plus profondément les *injures du temps*. Il n'est donc pas possible d'établir une relation mathématique entre la vétusté et la durée pour la plupart des corps de la nature ; si l'on n'avait que les phénomènes de vétusté pour mesurer le temps, cette mesure serait bien peu rigoureuse.

Au contraire, les modifications que subit un homme dans un temps déterminé sont toujours, d'une manière plus ou moins précise, en relation avec la longueur de ce temps ; nous savons reconnaître à peu près l'*âge* d'un homme à son aspect, c'est-à-dire que nous pouvons dire approximativement, quand nous l'avons bien examiné, combien d'années se sont écoulées depuis sa naissance ; il nous est impossible de confondre un homme de deux ans avec un homme de douze ans, de trente ans, de quatre-vingts ans.

Pour beaucoup d'animaux, les gens expérimentés savent aussi reconnaître l'âge à des caractères de structure assez constants.

Il y a cependant des variations individuelles ; certaines personnes paraissent *jeunes* pour leur âge ; cela veut dire que nous avons établi sans y prendre garde et par la simple observation quotidienne, un type moyen d'hommes de tous les âges et que les personnes *jeunes pour leur âge* répondent au type moyen d'un âge inférieur. Tel individu, par exemple, est né depuis quarante ans, que son examen attentif ferait ranger dans la catégorie des gens âgés de trente ans seulement.

Ces variations individuelles font qu'il est nécessaire de distinguer chez l'homme l'*âge-durée* et l'*âge-structure*; il y a le plus souvent coïncidence entre ces deux âges, puisque, par définition même, l'âge-structure est la moyenne des structures correspondant au même âge-durée chez un très grand nombre d'hommes. « On a l'âge que l'on porte » est un dicton populaire; ce dicton signifie uniquement que l'âge-structure est seul à considérer lorsqu'on veut juger des aptitudes et des qualités d'un individu. Cependant, par suite de la confusion qui résulte de la synonymie entre l'âge-structure et l'âge-durée on arrive à attribuer à l'âge-durée les avantages inhérents à l'âge-structure qui y correspond le plus souvent, et c'est ce qui détermine tant de femmes à déguiser soigneusement leur âge-durée; il est vrai que quelques-unes essaient aussi de dissimuler leur âge-structure! La coquetterie des hommes de race annamite est inverse; ils majorent leur âge-durée pour avoir droit à certains honneurs. Nous agissons quelquefois de même quand nous sommes très vieux, pour avoir le plaisir de paraître *jeunes pour notre âge*, d'entendre dire que nous sommes bien conservés...

Quoi qu'il en soit de ces légères divergences individiduelles entre l'âge-durée et l'âge-structure, on doit les considérer comme exceptionnelles et surtout comme limitées; on peut confondre l'âge-structure d'un homme de trente ans avec celui d'un homme de quarante ans qui paraît plus jeune que son âge; il y a toujours une différence énorme entre l'âge-structure d'un homme de vingt-cinq ans et celui d'un homme de cinquante. Dans une légende bretonne, un enfant raconte qu'il a fait des choses extraordinaires, mais il porte l'étonnement à son comble quand il dit ensuite : « J'ai plus de cent ans », car il est absolument surnaturel qu'un homme de cent ans ait l'âge-structure d'un enfant.

Je me propose d'étudier ici par quel mécanisme s'établit le parallélisme fatal qui existe entre l'âge-durée et l'âge-structure chez les animaux supérieurs. La question, ainsi posée, est absolument précise et ne prête pas le flanc à l'interprétation ridicule que l'on pourrait faire du titre même de ce chapitre en comprenant sous la dénomination de *vieux* tout ce qui a duré longtemps, de telle sorte que ce titre voudrait dire : Pourquoi le temps passe-t-il?

Au point de vue de l'âge-durée, l'homme vieillit depuis sa naissance; au point de vue de l'âge-structure, il commence par traverser une période de développement qui le fait passer de la forme œuf à la forme adulte; c'est seulement sur la forme adulte que se manifestent les signes caractéristiques de la vieillesse proprement dite après que le développement est terminé.

Les variations de structure que subit l'homme dans la première période sont infiniment plus considérables que celles dont la seconde période est témoin; l'étude du développement des êtres supérieurs est l'objet d'une science spéciale, l'embryologie, qui doit le suivre jusqu'à l'état adulte. Je me bornerai, dans les chapitres suivants, à l'étude des changements qui surviennent à partir de l'état adulte et constituent à proprement parler le vieillissement de l'individu. Ce n'est pas à dire pour cela que des changements absolument de même nature ne prennent pas place dans la première période ou période de développement, mais ces changements sont masqués pendant cette période par d'autres, bien plus considérables, les phénomènes mêmes du développement.

Tout ce qui se passe chez l'homme est très compliqué par suite de la structure très complexe de l'individu. Une étude du vieillissement, pratiquée sur cette espèce seule, mènerait à la seule constatation des phénomènes sans en permettre la moindre explication. Il faut donc, comme toujours en biologie, commencer par rechercher s'il ne se produit pas, chez des êtres plus simples, des phénomènes de même ordre, et si l'on arrive à en découvrir chez les plastides isolés, par exemple, il sera facile de se les expliquer chimiquement d'abord et de transporter ensuite l'explication aux êtres de plus en plus complexes qui sont constitués par des agglomérations de plastides, à l'homme enfin, le plus élevé de tous en organisation.

Il y a plusieurs phénomènes connus chez les plastides sous le nom de vieillissement ou de sénescence; il est probable que c'est parmi ces phénomènes que l'on trouvera l'élément de la vieillesse humaine, quoique cela ne soit pas certain *a priori*; souvent, en effet, de fausses analogies ont été établies entre les êtres unicellulaires et les métazoaires; on a appliqué à des particularités chimiques simples des dénominations usuelles se rapportant chez les êtres supérieurs à des choses très complexes mais très familières. Il en est précisément ainsi de la vieillesse; nous sommes si habitués à cette expression que nous croyons savoir ce qu'elle veut dire et, lorsqu'un plastide a subi sous nos yeux des modifications qui le rendent moins apte à remplir ses fonctions normales, nous nous imaginons tout expliquer en disant qu'il a vieilli!

J'emploierai ici la méthode biologique ordinaire, et je vais même commencer par étudier, avant les phénomènes dits de vieillesse, chez les plastides, quelques phénomènes de la chimie des corps bruts qui présentent, à cet égard, un certain intérêt.

CHAPITRE VI

RÉACTIONS CHIMIQUES

Vieillissement du vin. Ce phénomène a été considéré longtemps comme mystérieux et, par suite, comme ayant une certaine analogie avec les phénomènes vitaux. M. Pasteur a montré qu'il se ramène à une oxydation lente de certaines substances entrant dans la constitution du vin. Si l'on enferme dans un vase scellé, préalablement rempli d'acide carbonique, une certaine quantité de vin jeune débarrassé de toute trace d'oxygène, ce vin reste jeune indéfiniment. Si on lui fournit, dans une série d'expériences comparatives, des quantités croissantes d'oxygène, il arrive à un degré de vieillissement de plus en plus avancé.

C'est donc l'oxygène et non le temps qui vieillit le vin. Le temps n'intervient dans cette question que par suite des différences chimiques qui existent, pour une substance aussi complexe que le vin, entre une oxydation brusque et une oxydation ménagée.

Arrêt d'une réaction par suite de la réaction même. De ceci beaucoup d'exemples sont connus ; j'en emprunterai un seul à la chimie la plus élémentaire, la fabrication du gaz carbonique au moyen de la craie et d'un acide dans l'appareil continu. Si l'acide employé est l'acide chlorhydrique, la réaction reste possible tant que l'une des substances essentielles n'est pas épuisée ;

quand l'appareil a servi longtemps, *est vieux*, si l'acide est épuisé il n'y a plus de réaction. Il suffit de rajouter une certaine quantité d'acide chlorhydrique pour que la préparation du gaz carbonique puisse recommencer.

L'appareil ne fonctionnait plus parce qu'une des substances essentielles était épuisée par suite même des réactions précédentes; la vieillesse s'est manifestée par une usure de certaines parties de l'appareil.

Supposons maintenant que l'acide employé soit l'acide sulfurique [1]. Le carbonate de chaux traité par cet acide donne naissance à du gaz carbonique qui se dégage et à du sulfate de chaux qui se dépose en croûte insoluble sur les morceaux de craie employés; au bout de quelque temps, l'appareil ne fonctionne plus quoiqu'il contienne encore tous les éléments nécessaires à la fabrication du gaz carbonique, parce que l'une des substances formées au cours des réactions précédentes, le sulfate de chaux, s'oppose par sa présence à une réaction ultérieure. L'appareil est vieux, non plus par suite de l'usure d'une de ses substances essentielles, mais par suite de l'accumulation à son intérieur de l'un des produits de son activité même. Il y a en chimie beaucoup d'exemples d'arrêt d'une réaction par un phénomène de cette nature.

Nous allons trouver dans l'étude des plastides des cas tout à fait comparables aux deux cas précédents.

---

1. Le phénomène que nous allons constater empêche précisément que l'on se serve d'acide sulfurique dans l'appareil continu pour la préparation du gaz carbonique.

Il est bon de remarquer que le dépôt de ce produit solide, le sulfate de chaux, n'empêche pas l'appareil de recommencer à fonctionner si on y ajoute de la craie neuve. Le phénomène sera plus complet chez les plastides dans certains cas.

CHAPITRE VII

Nous avons déjà vu à plusieurs reprises [1] que la vie
élémentaire manifestée d'un plastide consiste en un
ensemble de réactions chimiques pouvant se représenter, pour un laps de temps déterminé, par la formule :

$$a + Q = \lambda\, a + R$$

dans laquelle a représente la totalité des substances
plastiques du plastide considéré, Q les substances
empruntées au milieu et λ un coefficient plus grand que
l'unité.

J'ai appelé condition n° 1, pour le plastide considéré,
toute condition dans laquelle les réactions dont le plastide est l'objet peuvent se représenter par une formule
de la forme précédente. Cette condition n° 1 exige, pour
être réalisée, la présence dans le milieu où se trouve
le plastide, de certaines substances chimiques aux-

1. Voyez p. 49.

quelles sont empruntées celles du terme Q, à une température déterminée. On donne le nom d'aliments à ces substances particulières.

Pour une réaction chimique ordinaire, comme la fabrication de gaz carbonique, on alimente la réaction avec certains produits, l'acide chlorhydrique, par exemple. Mais, en même temps que l'acide carbonique, on fabrique *forcément* du chlorure de calcium. De même en fabriquant des substances plastiques à la condition n° 1 on fabrique *forcément* les substances accessoires du terme R de l'équation de la vie élémentaire manifestée.

Si l'on remplace l'acide chlorhydrique par l'acide sulfurique, le produit accessoire de la fabrication du gaz carbonique devient le sulfate de chaux au lieu d'être du chlorure de calcium; de même si l'on change les aliments du plastide à la condition n° 1, les substances du terme R doivent être changées; c'est ce qui arrive en effet, comme le constate l'expérience; mais on ne connaît pas d'exemple d'une vie élémentaire manifestée dans laquelle le terme R serait nul ou l'équation de la forme :

$$a + Q = \lambda a.$$

Il y a toujours des substances accessoires accompagnant la fabrication de substances plastiques à la condition n° 1, et le rôle de ces substances accessoires, dont la production est inévitable, sera très important dans l'étude de la vieillesse.

De même que pour la fabrication du gaz carbonique au moyen d'acide chlorhydrique, la fabrication de substances plastiques ou vie élémentaire manifestée peut devenir impossible par suite de l'épuisement, de l'usure d'une des substances du terme Q. C'est ce qui se produit par exemple dans l'expérience suivante due à Koch :

La bactéridie charbonneuse est un plastide qui trouve sa condition n° 1 dans le sang d'un mouton vivant; l'une de ses substances Q est l'oxygène qui, dans le milieu considéré, est faiblement lié à l'hémoglobine des globules rouges ainsi transformée en oxyhémoglobine. Cet exemple est très commode pour le cas qui nous occupe parce que l'analyse spectrale permet de distinguer très facilement l'oxyhémoglobine de l'hémoglobine dépourvue d'oxygène. Faisons donc, à l'abri de l'oxygène de l'air, une préparation microscopique d'une goutte de sang contenant des bactéridies. Tant que l'analyse spectrale nous révélera qu'il reste de l'oxygène dans la préparation, nous assisterons à une fabrication de substances plastiques, à un accroissement des bactéridies. Dès qu'il n'y aura plus d'oxygène, cet accroissement s'arrêtera, mais les bactéridies ne resteront pas pour cela au repos chimique; seulement, la condition n° 1 n'étant plus réalisée, leur activité chimique se traduira par une équation de la forme :

$$a + B = C,$$

C étant différent de a.

Il n'y aura plus fabrication de substances plastiques; au contraire, il y aura destruction de celles qui existent dans le milieu (condition n° 2), et si cette destruction dure assez longtemps, les plastides disparaîtront complètement du milieu (mort élémentaire); nous pouvons, provisoirement au moins, appeler vieillesse cet état qui mène à la mort élémentaire et nous aurons ainsi dans l'expérience précédente un exemple de *vieillesse des plastides par inanition.*

C'est un cas qui se retrouvera chez tous les plastides.

Ici les substances du terme R n'ont joué aucun rôle; leur influence va se manifester dans les expériences suivantes :

Considérons de la levure de bière à l'état de vie élémentaire manifestée dans du moût de bière :

$$\text{Levure} + \text{Moût} = \lambda \times (\text{Levure}) + \text{Bière} + \text{acide carbonique.}$$

L'acide carbonique se dégage et n'intervient pas ultérieurement, mais la bière se forme dans le milieu, remplaçant des quantités correspondantes de moût. On peut suivre facilement la disparition progressive du sucre de moût (l'une des substances Q) et l'accumulation progressive de l'alcool (l'une des substances R). Or, si l'on ajoute constamment du sucre à la réaction, on constate que la vie élémentaire manifestée de la levure s'arrête, quoique les substances Q ne soient pas épuisées quand l'alcool a acquis un certain degré de concentration dans le milieu. C'est donc que l'accumulation de certaines substances du terme R peut entraver la fabrication d'une nouvelle quantité de substances plastiques, même quand il y a dans le milieu tous les éléments Q nécessaires à cette fabrication, de même que le sulfate de chaux entravait la fabrication de gaz carbonique dans un appareil contenant cependant tout ce qu'il fallait pour donner naissance à ce gaz.

La levure de bière se trouve donc ici à la condition n° 2 et se détruit lentement; c'est la *vieillesse des plas-*

tides par accumulation *des substances R* de leur vie élémentaire manifestée.

Si l'on n'a pas attendu trop longtemps, et que la mort élémentaire de toute la levure ne soit pas survenue, on *rajeunit* celle qui reste en la transportant dans un moût neuf dépourvu de substance R : *sublata causa, tollitur effectus.*

On connaît un très grand nombre d'exemples bien étudiés de vieillissement des plastides par accumulations des substances R ; la bactéridie charbonneuse se prête à une expérience fort élégante de rajeunissement, l'ammoniaque de son terme R pouvant s'éliminer par ébullition dans le vide à la température ordinaire ; la vie élémentaire manifestée, un instant suspendue, recommence dès que l'ébullition a eu lieu.

*
* *

Il n'y a pas que des substances solubles au terme R de l'équation de la vie élémentaire manifestée des plastides. Quelques-unes des matières accessoires qui constituent ce terme se précipitent, à l'état solide, généralement à la surface du plastide qu'ils encroûtent ainsi d'une manière plus ou moins complète. Ces substances solides sont quelquefois calcaires (foraminifères), quelquefois hydrocarbonées (cellulose, chitine, etc...), quelquefois d'une autre nature. Le résultat de leur production est différent de celui des substances liquides du terme R ; tandis que ces dernières, diffusées dans le liquide milieu, agissaient sur tous les plastides baignant dans ce milieu, une substance solide, encroûtant un plastide déterminé, a, si j'ose m'exprimer ainsi, une action individuelle sur ce plastide. Plus a duré la vie élémentaire manifestée du plastide, plus ce plastide est épaissement encroûté. L'encroûtement augmente avec l'*âge* du plastide; il est plus considérable chez un plastide vieux que chez un plastide jeune, chez une cellule de levure qui bourgeonne que chez le bourgeon qu'elle produit. Une bactéridie charbonneuse *jeune*, qui vient de sortir de la spore, est peu encroûtée et *mobile*; une bactéridie *plus âgée* devient immobile.

Les différences de cet ordre sont peu sensibles chez les plastides qui se divisent par bipartition comme les bactéridies, à cause du mode même de multiplication de ces espèces; elles le sont davantage chez celles qui se reproduisent par bourgeonnement comme les levures, car il est possible, dans de bonnes conditions, de suivre *individuellement* le sort d'une cellule qui en bourgeonne plusieurs autres. C'est surtout chez les métazoaires que nous verrons s'accentuer ces différences à cause des alternatives de condition n° 1 et de condition n° 2.

Or, au point de vue des réactions avec le milieu, ces croûtes solides, surtout quand elles sont complètes, doivent modifier les conditions des échanges; un plastide épaissement encroûté doit donc se comporter autrement qu'un plastide à croûte mince. C'est encore une variation à rapporter à l'âge du plastide, c'est-à-dire à la durée écoulée de sa vie élémentaire manifestée.

Nous en trouvons un exemple immédiat chez la bactéridie charbonneuse filamenteuse, telle qu'elle existe dans les cultures en bouillon à l'air libre. Une bactéridie unique, semée dans le bouillon, donne naissance, par sa vie élémentaire manifestée, à un long filament

formé d'articles semblables à elle. Or, les articles du milieu, plus anciens que ceux des bouts du filament, doivent être plus épaissement encroûtés de cellulose et en effet ils se comportent différemment [1]. Si la culture est maintenue à l'étuve à la température de 35 degrés centigrades, il suffit d'une vingtaine d'heures pour qu'on voie apparaître des spores dans l'intérieur des articles situés au milieu du filament, tandis que ceux qui sont aux extrémités conservent le même aspect qu'auparavant. Nous allons nous rendre facilement compte du rôle des substances R, tant liquides que solides, dans ce phénomène.

Et d'abord, qu'est-ce que la sporulation? Elle consiste dans la condensation, en une petite masse restreinte, de toutes les substances plastiques d'un plastide; cette petite masse restreinte ou spore se trouve au repos chimique (condition n° 3) dans les circonstances où elle se forme. Elle peut se conserver ainsi très longtemps; je reviendrai tout à l'heure sur la durée possible de cette conservation.

Nous avons constaté que la sporulation se produit au bout d'une vingtaine d'heures seulement, et seulement aussi dans les plus anciennes bactéridies. Etudions séparément ces deux conditions.

Au bout d'une vingtaine d'heures, à la température de 35°, la multiplication de la bactéridie a déjà été considérable; il y a eu beaucoup de plastides formés et par conséquent aussi beaucoup de substances R. Je ne parle pas des substances Q, leur diminution ayant

---

1. Ce qui peut tenir aussi à ce que d'autres substances R liquides, diffusant lentement vers l'extérieur, se trouvent par suite plus accumulées dans une cellule vieille que dans une cellule jeune.

été démontrée insuffisante pour expliquer la formation des spores.

Au contraire, le rôle des substances R liquides est évident si l'on constate que les mêmes bactéridies, transportées de cinq en cinq heures dans des bouillons neufs dépourvus de substances R, ne donnent pas de spores ; c'est que le séjour de cinq heures dans un bouillon ne suffit pas à y accumuler une quantité suffisante de ces substances R.

Mais les substances R solides ont peut-être aussi leur action puisque les spores se produisent d'abord dans les bactéridies les plus encroûtées qui sont au milieu des filaments. L'épaisseur de la membrane cellulaire intervient certainement dans les phénomènes d'osmose qui se passent entre le plastide situé à son intérieur et le milieu qui l'entoure ; or, les substances R se produisent au niveau du plastide même, il est donc très vraisemblable que, l'épaisseur de la membrane ralentissant la diffusion de ces substances vers l'extérieur, la concentration de ces substances dans la cellule soit plus forte par rapport à leur concentration dans le milieu, que cela n'a lieu pour un plastide à membrane plus mince, pour une bactéridie plus jeune.

Or, nous savons qu'à un certain degré de concentration, certaines substances R arrêtent la vie élémentaire manifestée des plastides correspondants. Eh bien, à la concentration de ces substances dans le milieu, au bout de vingt heures de culture à 35°, correspond, dans une cellule à parois épaisses, une concentration suffisante pour arrêter la vie élémentaire manifestée, tandis que, dans une cellule à paroi mince, la concentration est moindre, la vie élémentaire manifestée se poursuit.

Ce qu'il y a de très particulier dans le cas que nous venons d'étudier, c'est que l'arrêt de la vie élémentaire manifestée mène à la vie élémentaire latente; là condition n° 1 fait place à la condition n° 3 et non à la condition n° 2; il n'y a pas destruction; au lieu de la mort élémentaire prend place un phénomène nouveau, la *maturation*. Le mot vieillesse s'emploie encore cependant ici.

La spore, placée dans un milieu convenable (condition n° 1), se transforme de nouveau en bactéridie qui recommence sa vie élémentaire manifestée; ce phénomène de *germination de la spore* vient nous prouver que les conditions sont différentes à l'intérieur et à l'extérieur de la membrane cellulaire où la sporulation a eu lieu (concentration des substances R). En effet, si nous considérons une spore produite au bout de vingt heures dans une culture à 35°, et si nous la mettons en liberté par rupture de la membrane cellulaire qui l'emprisonne, elle germe dans le milieu même où elle s'est formée[1]; elle rencontrait donc la condition n° 3 dans une membrane cellulaire au sein d'un liquide réalisant pour elle la condition n° 1, et cela s'accorde bien avec l'explication que j'ai donnée plus haut.

Mais, dans une culture plus âgée[2], l'accumulation des substances R est devenue telle que, même en dehors des membranes cellulaires, la condition n° 3 est réalisée; dans une *très vieille* culture, il n'y a plus que

---

1. Straus, *Le charbon de l'homme et des animaux*, p. 80.
2. Dans le sang d'un animal malade, milieu constamment renouvelé par la nutrition et l'excrétion, les substances R de la bactéridie ne peuvent arriver à une concentration suffisante et *il ne se forme pas de spores*.

des spores, toutes rassemblées au fond du vase à cause de leur poids.

Quelle est l'action du temps (?) sur ces spores? vieillissent-elles?

Tant qu'elles ne se trouvent pas placées à la condition n° 1 (germination), elles se comportent comme des substances brutes ordinaires, c'est-à-dire que, soustraites à toute activité chimique, elles se conservent intactes, mais elles se détruisent lentement si elles réagissent d'une manière quelconque (condition n° 2). Il est assez difficile de réaliser le repos chimique absolu pour les spores, M. Duclaux a eu cependant occasion de constater que les spores restées vingt-cinq ans à l'abri de l'air dans les anciens vases à expériences de M. Pasteur n'avaient perdu aucune de leurs propriétés, mais ces conditions spéciales ne se trouvent pas souvent réalisées naturellement; les spores, abandonnées à elles-mêmes, se détruisent en général plus ou moins vite, suivant les conditions.

*
* *

Dans les pages précédentes nous avons constaté un grand nombre d'espèces de *vieillissements* pour les plastides, vieillissements dont la plupart ne nous montrent aucune relation constante entre le temps écoulé et les modifications subies par les plastides. Mais nous pouvons remarquer immédiatement que les phénomènes de la condition n° 1 sont bien plus précis et plus comparables entre eux que ceux de la condition n° 2 et de la condition n° 3.

Dans ces deux dernières conditions, en effet, le

plastide se comporte comme un corps brut ordinaire à l'état d'activité ou de repos chimique; dans la première il se comporte de manière à manifester sa propriété spéciale de plastide (vie élémentaire manifestée).

Restreignons donc notre étude à ce dernier cas; nous y trouvons encore des différences suivant le milieu.

Dans un milieu limité (bouillon de culture aéré) les bactéridies prennent, à 35 degrés, vingt heures environ après leur formation, des caractères de vieillesse spéciaux (maturation, spores), par suite de l'accumulation dans le milieu des produits mêmes de leur vie élémentaire manifestée. Ici donc il y a relation établie entre le temps et les modifications de structure.

Mais dans un milieu illimité, et l'on doit considérer comme tel le milieu intérieur d'un animal vivant, puisque ce milieu intérieur est sans cesse renouvelé par la nutrition et l'excrétion, les mêmes modifications ne se produisent pas, même en bien plus de vingt heures; il est vrai qu'on ne peut suivre bien longtemps ce qui s'y passe puisque le mouton meurt bientôt.

D'ailleurs, même en milieu limité, les phénomènes sont différents suivant qu'il y a ou non épuisement des substances Q. Dans l'expérience de Koch citée plus haut, il y a condition n° 2 et mort élémentaire après la disparition complète de l'oxygène, tandis que dans un vase de culture aéré il y a condition n° 3 et sporulation par suite de l'accumulation des substances R.

Le vieillissement par inanition est différent du vieillissement par les substances accessoires; or, ces deux facteurs se développent simultanément dans le milieu, la disparition de substances Q s'accompagne forcément de l'apparition d'une quantité correspondante de substances R. Suivant la richesse initiale du milieu en aliments, il y aura inanition avant que la sporulation se produise ou sporulation avant que l'inanition soit réalisée. Dans un milieu limité, *riche en substances Q*, ce sera toujours par accumulation des substances R que se produira le vieillissement et c'est à ce cas que nous conserverons pour le moment le nom de *vieillissement normal des plastides à la condition n° 1*.

Remarquons d'ailleurs que ce vieillissement normal nous a fait assister à l'évolution dite normale du plastide considéré :

Spore — germination — multiplication — spores.

Chacune des spores ainsi obtenues étant identique à la spore initiale, pourra être le point de départ d'une évolution analogue. Le plastide (spore) vieilli dans une culture, se rajeunira dans un milieu nouveau; en réalité ce n'est pas le plastide qui a vieilli puisqu'il a conservé les mêmes propriétés, c'est le milieu. Le plastide avait bien vieilli pour son propre compte en s'encroûtant d'une membrane de plus en plus épaisse; mais, par suite même de la sporulation, il s'est séparé de cette membrane en se contractant dans son intérieur et est ainsi redevenu identique à la spore initiale.

Dans certains cas, la contraction en une petite masse de toutes les substances plastiques d'un plastide vieux détermine une exsudation de substances R primitivement mélangées aux substances plastiques et qui, se coagulant à la surface de la spore, lui forment une enveloppe protectrice plus ou moins résistante; cette enveloppe protectrice est en général abandonnée à la germination; le plastide en sort après l'avoir fait éclater par sa dilatation à la condition n° 1.

Chez quelques plastides qui trouvent leur condition n° 1 en milieu très limité [1] (sporozoaires cytozoaires), l'évolution accompagnant le vieillissement est encore plus frappante quoique absolument du même ordre que pour les bactéridies. Je n'insiste pas ici sur le cas de ces intéressantes espèces; je l'ai étudié ailleurs [2].

---

1. Ces plastides sont à l'état de vie élémentaire manifestée dans l'intérieur de certaines cellules animales du même ordre de grandeur qu'eux-mêmes. La sporulation ne survient d'ailleurs chez beaucoup d'entre eux que lorsque l'accumulation des substances R solides à leur périphérie les a transformés en des kystes à paroi impénétrable ne laissant plus diffuser à l'extérieur les produits accessoires de la vie élémentaire manifestée.

2. *Théorie nouvelle de la vie*, pp. 106 sq.

CHAPITRE VIII

SÉNESCENCE DES INFUSOIRES

Nous venons de nous occuper du vieillissement des plastides lorsque le milieu dans lequel ils se trouvent a été modifié par suite même de leur vie élémentaire manifestée. Les divers cas que nous avons passés en revue peuvent tous se ramener à ceci : la condition n° 1 se trouve transformée en condition n° 2 ou en condition n° 3 par suite de la variation de composition du milieu.

Pour certains plastides appelés *Infusoires*, Maupas a décrit un semblable passage de la condition n° 1 à la condition n° 2, passage inévitable au bout d'un certain temps de vie élémentaire manifestée, et *indépendant du milieu*, comme le prouve l'impossibilité de revenir à la condition n° 1 par renouvellement complet du liquide où se trouve l'Infusoire. C'est donc que l'Infusoire lui-même n'est plus un plastide puisque, dans aucun milieu, il n'est plus susceptible d'assimilation. Il retrouve ses propriétés premières si on lui ajoute une portion d'un autre Infusoire convenablement choisi (rajeunissement karyogamique de Maupas). J'ai déjà étudié dans la *Revue philosophique* (février 1896) ce phénomène de la sénescence des Infusoires, je me con-

tenterai donc de rappeler en quelques mots son explication élémentaire.

Les expériences de mérotomie nous ont appris qu'un
morceau de plastide ne contenant pas *toutes* ses substances plastiques n'est pas un plastide et se trouve à
la condition n° 2 dans quelque milieu que ce soit. Si
l'on ajoute à ce morceau de plastide les substances
qui lui manquent, il redevient un plastide et est
susceptible d'assimilation dans un milieu convenable.

On voit que ce cas est tout à fait parallèle à celui
du rajeunissement karyogamique des Infusoires. C'est
donc que les Infusoires, devenus sénescents après un
certain nombre de bipartitions, doivent manquer d'une
au moins des substances plastiques essentielles à l'assimilation. Or, ce résultat est fatal indépendamment
du milieu; par conséquent, pour l'espèce considérée,
l'assimilation n'est pas *absolue*; les divers plastides
qui dérivent du premier s'en différencient progressi-
vement au cours des bipartitions successives, de telle
manière que l'une au moins des substances plastiques
finit par être déficiente dans les Infusoires de la dernière génération qui ne sont plus des plastides.

L'équation de la vie élémentaire manifestée, au lieu
d'être

$$a + Q = \lambda\, a + R,$$

auquel cas tous les plastides issus d'un même parent
lui resteraient toujours identiques, est donc, sous sa
forme la plus générale :

$$a + Q = \lambda_1\, a_1 + \lambda_2\, a_2 + \ldots + \lambda_p\, a_p + R.$$

$a_1, a_2, \ldots a_p$, étant les diverses substances plastiques
telles que :

$$a_1 + a_2 + \ldots + a_p = a$$

et $\lambda_1, \lambda_2, \ldots \lambda_p$, des fonctions du temps, dont quelques-unes sont certainement différentes des autres, et dont l'une au moins doit s'annuler pour une certaine valeur de la variable.

Pour tous les Infusoires qui dérivent d'un même ancêtre dans un même milieu, il n'y a pas de raison pour que ce ne soit pas le même coefficient λ_n qui s'annule en fonction du temps, et, en effet, dans ces conditions, on ne constate jamais que l'un d'eux soit capable d'en compléter un autre en lui fournissant ce qui lui manque; mais il en est tout autrement pour deux Infusoires provenant de deux ancêtres différents ou ayant évolué dans deux milieux différents, et c'est en effet toujours entre deux Infusoires remplissant ces conditions que Maupas a constaté l'échange de parties déterminant le rajeunissement karyogamique.

Les phénomènes que je viens de signaler n'ont été observés que chez les Infusoires et les Acinétiens. Je leur conserverai la dénomination de phénomènes de sénescence pour les distinguer du vieillissement par le milieu constaté chez tous les plastides isolés qui assimilent suivant la formule :

$$a + Q = \lambda\, a + R.$$

Dans les êtres pluricellulaires que nous allons étudier maintenant, il y aura toujours à rechercher si tel ou tel phénomène se produisant avec le temps au cours de la vie, est comparable à la sénescence ou au vieillissement.

Commençons par l'étude des plantes, c'est-à-dire des êtres pluricellulaires qui comptent la cellulose dans leurs substances R.

CHAPITRE IX

VIEILLESSE DES PLANTES

Voici d'abord une observation tout à fait élémentaire :

Coupez, au commencement de juin, une fougère de Fontainebleau ou fougère à l'aigle. A cette époque le développement de certaines feuilles de cette plante est déjà à peu près complet; je suppose que celle que vous avez choisie puisse être considérée comme ayant atteint sa taille définitive, comme étant adulte.

Vous conservez quelque temps cette feuille à la main et vous ne tardez pas à voir qu'elle *se fane*; ses folioles extrêmes perdent leur attitude dressée et se courbent, se flétrissent, perdent leur forme élégante et deviennent noirâtres, de sorte qu'au bout de quelques heures la feuille que vous tenez à la main est tout à fait déformée et ne rappelle plus que de loin ce qu'elle était quand vous l'avez cueillie. C'est qu'elle est trop jeune, pas assez résistante.

Coupez, au contraire, deux mois plus tard, une autre feuille au même pied de fougère; si vous conservez

cette feuille hors de l'eau, vous la verrez se dessécher,
mais sans que sa déformation soit notable.

Enfin, laissez-la sur pied, elle sera atteinte à l'automne par la mort élémentaire et deviendra jaune
rouge, sans que sa forme se modifie le moins du
monde ; elle passera l'hiver de cette manière ; chacun
sait qu'au printemps les forêts contiennent encore des
feuilles mortes de fougère en grande quantité, feuilles
mortes qui ont subi des déformations inappréciables,
quoique desséchées depuis longtemps.

La dessiccation, la mort élémentaire, donnent donc
des résultats différents suivant qu'elles atteignent la
feuille jeune ou la feuille âgée, ce qui prouve qu'il y a
des différences notables dans la structure de ces deux
corps. Le squelette solide de la feuille âgée est infiniment plus considérable et plus résistant que celui de
la feuille jeune ; à partir du moment où la feuille a
atteint sa taille maxima, l'importance de son squelette
hydrocarboné augmente sans cesse par rapport à la
quantité de substances plastiques qu'elle contient.

La même constatation peut se faire pour les arbres
à feuilles caduques, châtaignier, chêne, hêtre, etc. Il
arrive souvent dans les Alpes que les feuilles des
hêtres sont tuées par la gelée peu de temps après leur
éclosion ; ces feuilles mortes jeunes ont un squelette
hydrocarboné très peu considérable et se détruisent
très vite, tandis que tout le monde connaît la longue
durée des squelettes des vieilles feuilles, mortes nor-
malement à l'automne, qui encombrent le sol des forêts
pendant des mois et des mois.

Cette différence des feuilles jeunes et des feuilles
âgées est encore plus frappante chez les arbres à
feuilles persistantes où les feuilles nouvelles se forment

à côté des feuilles de l'année antérieure restées pour servir de témoin. Regardez un if au mois de juin; vous verrez à l'extrémité de chaque branche un petit rameau vert tendre porteur de feuilles molles de même couleur, tandis que le reste de la branche porte des feuilles coriaces vert sombre, les feuilles de l'année précédente.

Et maintenant, au lieu de ces feuilles persistantes, considérons les tiges elles-mêmes qui se comportent de la même manière; nous voyons que le résultat annuel de la vie de l'arbre est l'addition, au squelette hydrocarboné déjà existant, d'une couche squelettique nouvelle; les substances plastiques restent réparties à la périphérie du tronc, l'intérieur étant uniquement composé de substances hydrocarbonées et en particulier de bois.

Or, le volume d'un corps est proportionnel au cube de ses dimensions, tandis que sa surface est proportionnelle au carré des mêmes grandeurs; les substances plastiques du tronc constituant une couche d'épaisseur à peu près constante à la périphérie de ce tronc, il s'en suit que, lorsque le tronc grossit, la quantité de substances plastiques augmente moins vite que celle des substances hydrocarbonées constituant le squelette. En d'autres termes, le rapport de la quantité de squelette à la quantité de substances plastiques augmente dans le tronc; nous avons vu qu'il en est de même dans les feuilles à partir du moment où elles sont adultes; de sorte que, d'une manière générale, il y a diminution avec l'âge de la quantité *relative* des substances plastiques dans un arbre.

Ces substances hydrocarbonées ne sont pas toujours inutiles; outre leur rôle de soutien, elles jouent, on le sait, un rôle de conduction purement passive (vaisseaux du bois, etc.); cependant, la partie centrale des vieux arbres est devenue tout à fait inutile; on voit souvent dans la campagne des chênes creux qui végètent exactement comme s'ils ne l'étaient pas; la région périphérique du tronc est seule utile à la conservation de la plante.

* *
*

Nous venons de constater rapidement, par de simples observations très superficielles, ce fait extrêmement curieux de la diminution *relative* de la quantité des substances plastiques dans un arbre qui vieillit.

A la condition n° 1, les substances plastiques assimilent par un ensemble de réactions pouvant se résumer dans la formule :

$$(1) \qquad a + Q = \lambda\, a + R.$$

Supposons que l'équation précédente soit rapportée à l'unité de temps; λ a une valeur déterminée pour l'unité de temps, pour l'espèce considérée et dans les conditions considérées.

Si les conditions restent constantes, on aura, pendant la deuxième unité de temps :

$$(2) \qquad \lambda\, a + \lambda\, Q = \lambda^2\, a + \lambda\, R.$$

Mais le terme R de l'équation (1) a subsisté sans prendre part aux nouvelles réactions; la quantité des substances accessoires correspondant à la quantité $\lambda^2 a$ de substances plastiques sera donc :

$$R + \lambda\, R = R\, (1 + \lambda).$$

Dans la troisième unité de temps, en supposant toujours que les conditions restent constantes, on aura :

$$\lambda^2 a + \lambda^2 Q = \lambda^3 a + \lambda^2 R.$$

Et la quantité des substances accessoires correspondant à la quantité $\lambda^2 a$ de substances plastiques sera :

$$R(1 + \lambda) + \lambda^2 R = R(1 + \lambda + \lambda^2).$$

A la fin de la $n^{\text{ième}}$ unité de temps, à la quantité
$A_n = \lambda^n a$ de substances plastiques correspondra la
quantité de substances accessoires représentées par la
formule

$$\rho_n = R(1 + \lambda + \lambda^2 + \ldots + \lambda^{n-1}) = \frac{\lambda^n - 1}{\lambda - 1} R.$$

Et le rapport

$$\frac{A_n}{\rho_n} = \frac{a}{R} \frac{\lambda^{n-1}(\lambda - 1)}{\lambda^n - 1}.$$

Nous pouvons choisir comme nous le voulons notre
unité de temps; prenons par exemple pour unité le
temps qui correspond à $\lambda = 2$ dans les conditions considérées.

Au bout de la première unité de temps le rapport
$\frac{A_1}{\rho_1}$ sera $\frac{2a}{R}$; au bout de la $n^{\text{ième}}$ unité de temps ce
sera :

$$\frac{A_n}{\rho_n} = \frac{2a}{R} \frac{2^{n-1}}{2^n - 1} = \frac{A_1}{\rho_1} \frac{2^{n-1}}{2^n - 1}.$$

C'est-à-dire que le rapport $\frac{A_n}{\rho_n}$ se tirera du rapport
$\frac{A_1}{\rho_1}$ en multipliant ce dernier par un facteur qui décroît

avec n, mais qui reste toujours supérieur à $\frac{1}{2}$.

En effet, on a toujours l'inégalité :

$$\frac{2^n}{2^n - 1} > 1$$

Donc en divisant les deux membres de l'inégalité par 2

$$\frac{2^{n-1}}{2^n - 1} > \frac{1}{2}.$$

Mais, tout ce que nous apprend l'observation la plus élémentaire nous prouve au contraire que le rapport $\frac{A_n}{\rho^n}$ décroît sans limite dans les troncs, dans les feuilles des arbres, etc. Ce résultat est incompatible avec la réalisation continue de la condition n° 1, à moins que n'intervienne un phénomène secondaire, et c'est ce qui a lieu en effet.

Partons d'une graine dépourvue de chlorophylle et faisons-la germer à la lumière du soleil. Au bout de quelque temps la plante qui en provient sera verte; c'est donc que, parmi les substances R accessoires, existe la chlorophylle. Séparons cette matière du terme R dans l'équation de la vie élémentaire manifestée; notons de même à part l'oxygène et l'acide carbonique :

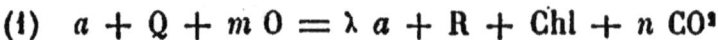

$$(1) \quad a + Q + m\,O = \lambda\,a + R + Chl + n\,CO^2$$

serait l'équation représentant ce qui se passe dans la première unité de temps si la chlorophylle restait inerte. Mais, en présence de la lumière, la chlorophylle réagit avec l'acide carbonique de l'atmosphère pour

former, aux dépens d'une certaine quantité de substances plastiques, des substances hydrocarbonées ; de
sorte que, pendant la première unité de temps, en
même temps que les réactions de l'équation (1) se
produisent celles que représente la suivante :

$$(2) \quad \varepsilon\, a + p\ \mathrm{Chl} + s\ \mathrm{CO}^2 + \mathrm{A} = \mathrm{B} + v\ \mathrm{O}.$$

Les coefficients ε et p dépendent naturellement de
la quantité des substances a et Chl qui sont en présence
aux divers moments de la réaction ; leur calcul exact
nous entraînerait trop loin. Remarquons seulement
qu'à la fin de la première unité de temps qu'il nous
restera $(\lambda\text{-}\varepsilon)\ a$ et non $\lambda\, a$, tandis que les substances
solides R n'auront pas diminué puisqu'elles n'inter-
viennent pas dans la réaction (2).

Et ceci suffit à nous expliquer que les substances
squelettiques s'accumulent, par rapport aux substances
plastiques, plus vite que cela n'aurait eu lieu sans
l'action chlorophyllienne.

On a mesuré que le coefficient m est plus petit que le
coefficient v, et de même pour n et s, de sorte que le
résultat total de (1) et (2) est une diminution de la
quantité d'acide carbonique de l'atmosphère et une
augmentation de sa quantité d'oxygène ; les arbres
assainissent l'air pendant le jour.

Le terme B de l'équation (2) représente des substances
hydrocarbonées (amidon, etc.), qui pourront ultérieurement jouer le rôle de substances Q (réserves) dans
la vie élémentaire manifestée, mais qui, en attendant,
sont des matières solides inertes ajoutées à celles qui
encombrent déjà l'organisme de la plante. Donc, à ce
point de vue encore, l'action chlorophyllienne aug-

mente la proportion des substances squelettiques par rapport aux substances plastiques.

Il y a encore d'autres conséquences à tirer des faits précédents :

L'antagonisme entre l'assimilation et l'action chlorophyllienne [1] détermine l'état adulte de certains organes, des feuilles notamment, quand, l'arrivée des substances Q étant devenue moins rapide, λ diminue; il y a alors un balancement complexe qui s'établit comme il suit : l'assimilation emprunte les substances de réserve B; l'action chlorophyllienne détruit les substances plastiques qu'a produites l'assimilation pour reproduire des substances B, et pendant toute cette série d'opérations contraires, les substances R solides s'accumulent, puisqu'elles sont toujours formées, jamais détruites.

Au bout de quelque temps, la feuille est réduite à un squelette; c'est une feuille morte. Mais il y a généralement à ce moment, à l'aisselle de la feuille, une petite accumulation de substances plastiques à la condition n° 3; c'est un bourgeon, pour lequel la condition n° 1 se retrouvera ultérieurement (au printemps suivant).

Pourquoi cette petite masse de substances plastiques se trouve-t-elle à la condition n° 3, c'est là une question complexe dont nous n'avons pas à nous préoccuper; peut-être cette vie latente est-elle la consé-

1. Cet antagonisme explique aussi un fait d'observation courante, le développement bien plus rapide d'une plante à l'obscurité (sans chlorophylle) qu'à la lumière (avec chlorophylle et action chlorophyllienne). Chacun a pu remarquer la rapidité avec laquelle se développent les yeux de pommes de terre dans les caves.

quence de l'action de certaines substances R liquides,
comme nous l'avons vu pour la bactéridie charbonneuse.

En effet, il n'y a pas que des substances R solides;
quelques-unes sont gazeuses (acide carbonique, vapeur
d'eau, etc.); d'autres sont liquides et quelques-unes de
ces dernières sont connues sous le nom de *Latex* : ce
sont des substances déterminées pour une espèce
végétale déterminée et qui s'accumulent dans des
Laticifères spéciaux. Il y a encore d'autres substances
du terme R qui ne sont guère connues actuellement.

Toutes ces considérations très rapides et très générales suffisent à donner une idée de ce qu'est la vieillesse des végétaux supérieurs. Si l'on considère un arbre
comme un individu unique, ce qui est assez difficile, on
doit admettre que certaines parties de cet arbre vieillissent et meurent (feuilles, intérieur du tronc), pendant que d'autres parties (bourgeons) restent aptes à
recommencer une nouvelle évolution. L'individu est
débarrassé périodiquement d'une portion au moins du
squelette de ses parties mortes (chute des feuilles),
mais reste encombré d'une autre portion de ce squelette (intérieur du tronc). Cet axe squelettique persis-
tant joue un rôle de soutien, mais comme ce rôle
purement passif ne renouvelle pas sa substance,
celle-ci est susceptible de se détruire par vétusté
comme un corps brut ordinaire. Les vieux arbres
deviennent creux parce que le bois *se pourrit* à leur
intérieur; si cette destruction est poussée assez loin
pour que la partie périphérique ne puisse plus soutenir
le poids du faîte de l'arbre, le tronc creux se brise et
toutes les parties supérieures se trouvant dénuées de
correspondance avec les racines, ne peuvent plus être

fournies de substances Q et sont, par inanition, condamnées à la mort élémentaire.

Cependant, chacun sait qu'un rameau, pris à ce faîte, peut, planté comme bouture, retrouver la condition n° 1 et donner naissance à un nouvel arbre *jeune* et vigoureux.

On voit combien la notion de l'individualité des végétaux rend le langage difficile quand il s'agit de la vieillesse.

Un arbre vieux se compose de parties jeunes et de parties mortes. Il donne naissance chaque année à des feuilles jeunes qui vieillissent et meurent dans l'année [1] même où elles ont apparu, laissant cependant comme trace de leur passage sur l'arbre, un bourgeon à l'état de vie latente.

L'arbre, en tant qu'individu, peut être condamné à la mort au bout d'un temps plus ou moins long par suite des chances croissantes de rupture d'un appareil squelettique formé de substances brutes soumises à la vétusté; il n'en est pas de même de ses parties, de ses rameaux, dont chacun peut, dans des conditions favorables, devenir un arbre jeune et vigoureux. Une bouture prise sur un vieil arbre, réussit aussi bien que si elle est empruntée à un jeune sujet.

En réalité, la vieillesse des plantes considérées comme individus n'est pas une notion de grande importance; elle peut déterminer accidentellement, au bout d'un temps plus ou moins long, la mort élémentaire des diverses parties de l'arbre en permettant une rupture ou tout autre phénomène capable de supprimer les dispositifs grâce auxquels les parties se fournissent

---

1. Pour les arbres à feuilles caduques.

de substances Q; mais ces diverses parties ainsi condamnées à la mort élémentaire par inanition peuvent
retrouver isolément la condition n° 1 et être le point
de départ d'un nouvel arbre.

Il y a cependant des cas où l'évolution de la plante
est mieux déterminée et où il existe un état adulte ne
se rencontrant chez les arbres que dans certaines
parties, jamais dans l'ensemble. Je veux parler des
plantes annuelles ou d'une manière plus générale des
plantes qui ont une durée limitée.

Considérons, par exemple, une plante annuelle, une
graminée comme le blé si vous voulez. Laissons de
côté les phénomènes de la fécondation dont nous ne
pouvons nous occuper ici, nous constatons que cette
plante se comporte exactement pendant l'année comme
la feuille caduque d'un chêne ou d'un hêtre.

Elle provient d'un amas de plastides à l'état de vie
latente (plantule de la graine de blé), se développe par
assimilation et se charge de chlorophylle. Par suite de
la présence de cette chlorophylle l'augmentation des
substances hydrocarbonées par rapport aux substances
plastiques se fait de telle manière qu'au bout de quelque
temps la plante se compose uniquement d'un squelette
(chaume, paille) et de quelques amas de substances
plastiques (plantules) à l'état de repos chimique au
milieu de réserves d'amidon (grains de blé). A ce
moment la plante est morte et les graines ne pourront
pas trouver, au printemps suivant, à la place même
qu'elles occupent sur le squelette du parent, les conditions de la vie élémentaire manifestée; il faudra qu'elles
tombent sur la terre humide pour pouvoir *germer* et
recommencer l'évolution annuelle sous forme d'une
nouvelle plante; on dit qu'il y a eu *reproduction* et

non que la plante de l'année passée recommence à vivre; il y a donc là une différence au moins apparente avec le cas des bourgeons axillaires des plantes vivaces.

On connaît, parmi les cryptogames de l'embranchement des muscinées, des exemples de plantes, les sphagnées, qui semblent durer indéfiniment sans modification apparente. La partie inférieure de ces plantes est un simple squelette, permettant néanmoins aux parties supérieures vivantes de se fournir par leur intermédiaire de substances Q empruntées au sol. Les phénomènes chlorophylliens que nous avons étudiés plus haut déterminant constamment l'encroûtement et la mort élémentaire des parties les plus anciennes (c'est-à-dire les plus inférieures), il y a constamment destruction par le bas et accroissement par le haut (parties jeunes); mais la destruction basilaire n'entraîne pas la mort élémentaire, l'inanition des parties supérieures, parce que les parties basilaires détruites restent capables de servir de conduits absorbants aux parties supérieures vivantes. C'est la destruction des extrémités basilaires de sphagnées qui produit, au moins pour une grande partie, la tourbe combustible des tourbières.

*
* *

Tout ce que je viens de dire s'applique uniquement aux végétaux supérieurs doués de chlorophylle, savoir les phanérogames, les cryptogames vasculaires, les muscinées. Parmi les thallophytes, les champignons, complètement dépourvus de chlorophylle, présentent, par suite de cette particularité, des phénomènes de vieillissement tout différents.

Le mot champignon rappelle à ceux qui ne se sont pas spécialement occupés de botanique ces petits chapeaux montés sur pied, dont quelques-uns sont comestibles, d'autres vénéneux. En réalité ces chapeaux ne sont qu'une partie du champignon, comme la feuille est une partie de l'arbre. Le champignon, considéré dans son ensemble, se compose principalement d'un mycélium généralement enfoui dans la terre et pouvant se comparer grossièrement à l'enchevêtrement de filaments d'une bactéridie charbonneuse cultivée dans du bouillon. Par suite de circonstances non encore déterminées, cet enchevêtrement de filaments donne en un point particulier une saillie externe qui se développe en forme de chapeau, mais se compose néanmoins d'un feutrage de filaments mycéliens.

Ce chapeau se développe par assimilation sans qu'aucun phénomène annexe comparable à l'action chlorophyllienne en vienne contrecarrer l'évolution. Les substances R solides qui accompagnent l'assimilation sont différentes pour les différentes espèces, mais leur nature ne change pas avec l'âge ; un polypore a une consistance différente de celle d'un bolet, mais cette consistance est à bien peu près la même chez un polypore jeune ou vieux.

Seulement, comme dans un milieu de culture dont la dimension est limitée, il se produit dans le chapeau une accumulation de substances liquides du terme R, phénomène peut-être accompagné d'inanition par suite de l'appel difficile des substances Q. Le résultat est le même que dans une culture de bactéridie charbonneuse ; une partie des plastides passe à l'état de vie latente et donne des spores, sous le chapeau, là où il y a de l'oxygène ; le reste, au centre de la substance du chapeau, passe à la condition n° 2 et se détruit; les substances squelettiques R sont plus ou moins résistantes et se conservent plus ou moins longtemps suivant les espèces; un bolet par exemple ne laisse pas de trace squelettique au bout de quelques jours, un polypore en laisse une bien plus durable, tandis que les spores, tombés sur le sol, attendent pour germer la réalisation de la condition n° 1.

* * *

Tous les cas de vieillesse étudiés chez les végétaux dans les pages précédentes se rapportent uniquement à des encroûtements de leurs plastides constitutifs par des substances hydrocarbonées solides, ou, chez les champignons, à l'accumulation de substances R liquides entravant la vie élémentaire manifestée des plastides. Aucun phénomène ne nous a rappelé la sénescence observée par Maupas chez les Infusoires. Au contraire l'observation d'arbres très vieux nous montre que les rameaux terminaux dérivant d'une assimilation poursuivie pendant des siècles sont identiques à des rameaux d'arbres très jeunes de mêmes espèces et susceptibles, si on en fait des boutures, d'être le point de départ d'un arbre nouveau. L'exemple de la pomme de terre est classique; le tubercule est une tige portant des bourgeons, et c'est par des boutures empruntées à cette tige que s'est faite la reproduction de la précieuse espèce depuis son importation en Europe, il n'y a cependant aucune sénescence constatable dans les individus actuels que l'on continue à multiplier par le même procédé de bouturage.

Il se produit néanmoins dans certains cas, et pour

des plastides très spéciaux de beaucoup de plantes, des phénomènes comparables à la sénescence et au rajeunissement karyogamique des Infusoires. Mais il faut immédiatement remarquer qu'il y a entre les deux phénomènes, observés chez les Infusoires et chez les végétaux, une différence capitale.

Tous les Infusoires provenant des bipartitions successives d'un même parent deviennent sénescents dans un milieu donné au bout d'un temps sufilsant ; chez les végétaux, c'est seulement à l'extrémité de certains rameaux, dans les fleurs, que certains plastides se divisent d'une manière hétérogène de manière à donner des produits qui ne sont plus des plastides (éléments sexuels). Soient a, b, c, d, e, f, g, h, les substances plastiques d'un plastide ; si une bipartition hétérogène donne deux masses *abcd, efgh*, chacune d'elles, isolément, sera incapable de vie élémentaire ; la fusion de deux masses ainsi composées et d'origine différente donnera un plastide (œuf) qui sera immédiatement le point de départ d'une nouvelle plante ; mais le développement de cette nouvelle plante s'arrêtera bientôt et elle passera à la condition n° 3 (plantule, graine), où elle restera jusqu'à ce qu'elle soit transportée dans un milieu convenable.

Ce phénomène n'est comparable que de loin à la sénescence des Infusoires ; il est localisé chez les plantes à des plastides très spéciaux. Tous les autres, ou bien se détruisent à la condition n° 2, ou bien passent directement à la condition n° 3 (bourgeons), mais pour aucun des plastides d'un arbre, qu'il soit destiné à devenir un bourgeon ou un élément sexuel, on ne peut admettre que l'assimilation se fasse *d'une manière constante* suivant la formule :

(1) $$a + Q = \lambda_1 \, a_1 + \lambda_2 \, a_2 + \dots + \lambda_p \, a_p + R,$$

où $\lambda_1 \, \lambda_2 \dots \lambda_p$ seraient des fonctions du temps, *diffé-rentes* les unes des autres. Au contraire on doit admettre pour tous l'équation

(1) $$a + Q = \lambda \, a + R,$$

comme le prouve l'absence de variation dans les rameaux de très vieux arbres. S'il se produit des plastides incomplets comparables aux Infusoires sénescents, ils résultent d'une division hétérogène (éléments sexuels) et non, comme chez les Infusoires, d'une série de divisions homogènes correspondant somme toute à une assimilation incomplète (équation (1).)

CHAPITRE X

FATIGUE ET ÉTAT ADULTE CHEZ LES ANIMAUX

J'ai étudié ailleurs[1] le rôle des substances liquides R dans la fatigue locale ou générale chez les animaux, ainsi que dans le balancement organique et la détermination de l'état adulte. Je vais résumer en quelques lignes ces faits indispensables à l'étude de la vieillesse.

La vie élémentaire manifestée des éléments histologiques d'un métazoaire est discontinue. Il y a entre les périodes de fonctionnement (condition nº 1, assimilation) des intervalles de repos (condition nº 2, destruction plastique).

A la condition nº 1, l'assimilation s'accompagne fatalement de la production de substances R liquides que la circulation élimine petit à petit de l'organe en fonction pour les répandre dans le milieu intérieur commun à tous les organes.

Si cette élimination n'est pas assez rapide, l'organe se *fatigue* par l'accumulation de ces substances qui,

1. *Théorie nouvelle de la vie.* Chapitres XVIII, XXI et XXIV.

nous le savons, sont capables d'entraver la vie élémentaire manifestée des plastides. Pendant un intervalle de repos, les substances R, ne se produisant plus, peuvent être éliminées par la circulation et l'organe se défatigue.

Une fatigue d'un autre ordre peut être due à la diminution des substances Q (inanition). Dans tous les cas, le fonctionnement possible d'un organe est limité par la nécessité du renouvellement du milieu dans cet organe.

Mais le renouvellement du milieu dans un organe spécial se fait aux dépens du milieu intérieur commun qui s'épuise de substances Q et se charge de substances R. Le renouvellement des substances Q dans le milieu intérieur commun se fait par l'alimentation; l'élimination des substances R se fait par l'excrétion. La possibilité du fonctionnement dans les divers organes de l'individu est donc liée à la rapidité de l'alimentation et de l'excrétion. L'observation prouve que l'excrétion surtout est à considérer ici, l'alimentation n'ayant pas un effet aussi immédiat à cause des substances de réserve.

Cette excrétion se fait par diverses voies, par les poumons (acide carbonique et eau), par la peau (sueur, etc.), par les reins (urine), etc. Mais la quantité de substances R pouvant être excrétée dans les 24 heures a un maximum. Soit ρ ce maximum; je suppose qu'à un moment donné ρ soit supérieur à la somme Σ de toutes les substances R produites par la vie élémentaire manifestée *continue* de tous les plastides de l'organisme, *l'animal ne sera pas adulte*, une nourriture suffisante lui permettra de croître. C'est ce qui a lieu au début du développement.

Un peu plus tard, ρ sera inférieur à Σ; il sera impos-

sible que le milieu se renouvelle assez vite et l'accumulation des substances R entravera rapidement la vie
élémentaire manifestée des plastides, si *tous* ceux-ci
fonctionnent constamment. Il faudra donc que le fonctionnement des divers organes soit discontinu.

Mais les organes assimilent pendant leur fonctionnement et se détruisent pendant le repos. Tant que
l'assimilation sera supérieure à la destruction il y aura
croissance; quand ces deux actions se contre-balance-
ront, il y aura état adulte.

A partir du moment où ρ est plus petit que Σ, il
faut, si un organe fonctionne plus qu'à l'ordinaire et
se développe par suite davantage, qu'un autre organe
fonctionne moins longtemps et se développe moins
pour que la somme des substances R produites ne
dépasse pas ρ. C'est la loi du balancement des organes
de Geoffroy Saint-Hilaire.

Un fait intéressant se constate souvent chez les
Métazoaires; c'est que, au cours du développement,
quand une sorte d'équilibre est obtenue dans un
ensemble de plastides (méride), cet ensemble de plastides bourgeonne des parties semblables aux siennes
et en particulier des organes semblables à ceux qui
assurent le renouvellement du milieu intérieur (organes
segmentaires), de telle sorte que l'animal total se com-
posera de parties semblables ayant chacun ce qui lui
est nécessaire pour le renouvellement de son milieu;
ce mode de développement par *métamérisation* recule
naturellement la limite qui devait être l'état adulte si
l'être s'était composé d'un seul méride. Cette remarque
est très importante pour la compréhension de la complication progressive des organismes.

Or, l'étude des divers groupes zoologiques existants

prouvé que cette complication par bourgeonnement peut se faire de deux manières.

Les bourgeons naissent par rapport au premier méride de manière à ne pas constituer une série linéaire chez les *phytozoaires* ou animaux ressemblant à des plantes (Corail, par exemple); ils naissent de manière à constituer une série linéaire chez les *Artiozoaires* ou animaux ayant un plan de symétrie[1] (Ver de terre, Écrevisse, Serpent, Homme).

Il y a tant de variété dans la constitution des divers animaux, qu'il faudrait étudier la vieillesse chez chacun d'eux séparément ou au moins dans chaque embranchement; cela exigerait un volume. Je vais me contenter de passer en revue quelques types particulièrement intéressants au point de vue de l'étude de la vieillesse.

Pour tous les types que nous étudierons, le rôle des substances R solides s'accumulant dans l'organisme sera de première importance pour la réalisation de la vieillesse. Nous venons de voir que les substances R liquides jouent seulement un rôle dans la fatigue, or si la fatigue ne laisse pas de traces durables dans les organismes pourvu qu'elle soit réparée à temps par le repos, il n'en est plus de même en dehors de ce cas assez particulier.

Il y a à distinguer la fatigue locale ou fatigue d'un organe déterminé dans lequel un fonctionnement exagéré a accumulé des substances R et la fatigue générale de l'organisme tout entier. La première est

1. Cette définition est un peu trop rudimentaire. Le lecteur trouvera tous les renseignements désirables sur les divers modes du bourgeonnement des mérides dans *les Colonies animales* de M. Edmond Perrier.

réparée, au cours du repos de l'organe, par la circulation qui renouvelle le milieu intérieur de l'organe aux dépens du milieu intérieur total. Ce milieu intérieur total se charge par suite de substances R qui ne seront éliminées que par l'excrétion.

Or, nous avons vu que, à l'état adulte, il y a une limite à la quantité des substances R que peut excréter l'organisme en un temps donné ; il y a donc aussi une limite au fonctionnement permis aux organes dans ce temps donné.

Mais, le plus souvent, nous ne répartissons pas d'une manière régulière en vingt-quatre heures, les heures de fonctionnement et de repos ; nous fonctionnons plus qu'il n'est permis, pendant la veille, de sorte que le soir, il y a accumulation de substances R dans notre milieu intérieur ; c'est la fatigue générale. Pendant le repos nocturne au contraire, nous fonctionnons moins qu'il n'est permis et cela permet le renouvellement de notre milieu intérieur. Le matin nous sommes reposés de notre fatigue générale de la veille au soir.

Quand les heures de fonctionnement et les heures de repos ne sont pas bien équilibrées, il y a des troubles qui peuvent être de deux natures différentes et que l'on peut considérer comme des phénomènes de vieillissement.

1° Les heures de repos sont trop longues par rapport aux heures de fonctionnement. La condition n° 2 durant plus longtemps qu'elle ne devrait le faire pour que l'équilibre subsiste, il y a diminution de la quantité de substances plastiques. Mais, en présence d'une grande quantité de substances Q (alimentation surabondante), la condition n° 2 produit des matières spéciales aux dépens des substances plastiques détruites (graisse, etc.), matières qui, en petite quantité, peuvent être ultérieurement utilisées comme produits de réserve dans la vie élémentaire manifestée, mais qui, en trop grande abondance, gênent les échanges et le fonctionnement des organes qui les contiennent (obésité). Le rôle de ces substances de réserve est à peu près comparable à celui des corps hydrocarbonés résultant, chez les végétaux, de l'action chlorophyllienne et qui, utilisables en quantité restreinte, encombrent la plante quand ils sont trop accumulés dans ses tissus.

Le repos forcé de certains muscles (paralysie, fractures des membres, etc.) détermine leur atrophie, et cette atrophie ne s'accompagne pas d'accumulation de graisse parce que le repos forcé gêne la circulation et empêche l'apport des substances Q en abondance.

2° Les heures de repos sont trop courtes par rapport aux heures de fonctionnement. Dans ces conditions, les substances R ne s'éliminent pas complètement et s'accumulent au contraire dans l'organisme, ce qui détermine l'état morbide appelé le *surmenage*. Le rôle nuisible de ces substances R détermine ce qu'on appelle l'*usure* par les veilles et la fatigue excessive; si le surmenage se prolonge longtemps il détermine une vieillesse d'une nature particulière.

Au lieu d'un surmenage de tout l'individu, il peut arriver qu'il y ait seulement surmenage d'une des parties; les heures de repos général sont suffisantes dans ce cas à l'élimination des substances R du milieu intérieur commun, mais un organe particulier, le cerveau surtout, fonctionnant d'une manière trop continue, la circulation ne suffit pas à le débarrasser à chaque instant des substances R qui s'y forment constamment et à lui apporter les substances Q qui s'y détruisent sans cesse, d'où, pour cet organe, une condition n° 2 spéciale qui, prolongée, lui est nuisible [1]. En outre, par suite du balancement organique, le fonctionnement exagéré d'une partie entraîne forcément chez un adulte le fonctionnement insuffisant d'autres parties, c'est-à-dire leur atrophie, de telle sorte qu'au bout de quelque temps de surmenage cérébral, par exemple, on a le cerveau malade et les muscles des membres atrophiés; l'équilibre général de l'organisme est détruit, la vie est en danger.

Tous les cas que nous venons d'étudier sont des cas spéciaux déterminant un vieillissement accidentel de l'être; nous allons étudier maintenant les phénomènes auxquels est dû le vieillissement naturel, fatal chez l'homme, et nous allons commencer l'étude de ces phénomènes chez les animaux les plus inférieurs comme organisation, les phytozoaires ou animaux qui ressemblent à des plantes.

---

1. Il y a peut-être à la longue une réaction d'une nature spéciale (cond. n° 2) entre les substances du cerveau et les substances R qui y sont accumulées; c'est peut-être cette réaction qui cause les effets nuisibles du surmenage. On connaît des exemples de réactions analogues sur les plastides isolés : la levure peut détruire avec le temps la glycérine qu'elle a produite; le mycoderme du vinaigre brûle l'acide acétique qu'il a formé.

CHAPITRE XI

VIEILLESSE DES ANIMAUX QUI RESSEMBLENT
A DES PLANTES

Prenons comme exemple le Corail, qui est bien connu
à tous les stades de son existence. On sait que l'animal
jeune est un sac cloisonné et muni de 8 tentacules. Ce
sac cloisonné est un *méride* qui a par lui-même une
dimension adulte bien limitée, comme nous l'avons vu
dans le chapitre précédent; mais des nouveaux mérides
résultent de la formation de mamelons à la surface de
la couche superficielle du premier; ces mamelons se
creusent d'une cavité et acquièrent une bouche termi-
nale tout autour de laquelle se développe une couronne
de tentacules. Les mérides nés par bourgeonnement les
uns des autres, forment ainsi un individu de forme
complexe et de configuration variable, vaguement analogue à celle d'un arbre.

Les cavités gastrovasculaires des divers mérides
communiquent entre elles par des canaux, mais chaque
méride possède à lui seul tous les organes nécessaires
au renouvellement de son milieu intérieur. Il n'y a.

donc aucune raison pour que le développement de l'individu arborescent composé de nombreux mérides soit limité, quoique le développement de chaque méride considéré isolément le soit. De même dans un arbre, le développement d'une feuille est restreint, celui du végétal tout entier ne l'est pas.

Parmi les substances R solides qui résultent de la vie élémentaire manifestée des éléments histologiques du corail, il y a des matières calcaires dont l'accumulation constitue un squelette appelé polypier; le polypier est comparable au point de vue où nous nous plaçons au squelette ligneux des arbres; il se développe à mesure que l'individu vieillit, mais ne joue qu'un rôle de soutien; on peut répéter au sujet du corail tout ce qui a été dit au sujet des végétaux, l'action chlorophyllienne étant mise de côté. Les mérides étant à peu près indépendants les uns des autres, le vieillissement de l'individu total n'influe nullement sur celui des mérides particuliers; le vieillissement véritable des mérides est indépendant de l'encroûtement général de l'être; il y a de jeunes mérides aux extrémités des rameaux, tandis qu'à la base il y en a de véritablement vieux; les phénomènes de vieillissement des mérides considérés isolément sont bien moins remarquables que les phénomènes analogues que nous rencontrerons chez les animaux supérieurs; il vaut donc mieux renvoyer plus loin leur étude approfondie.

Chez d'autres phytozoaires, les mérides se différencient (division du travail); ils ne sont plus tous pourvus individuellement de *tout* ce qui est nécessaire au renouvellement du milieu intérieur et, par suite, deviennent solidaires. Chacun d'eux remplissant un rôle dans le renouvellement du milieu, qui est la condition essentielle de la vie élémentaire manifestée des éléments histologiques, il faut que des communications faciles et rapides soient établies entre les mérides doués de fonctions différentes [1]. Je suppose par exemple qu'un méride soit uniquement capable d'emprunter des aliments (Q) à l'extérieur et qu'un autre soit uniquement capable de rejeter les substances R liquides, il est évident que des échanges entre ces deux mérides seront indispensables et que l'encroûtement squelettique de l'individu total s'opposera à la vie de cet individu s'il s'oppose aux échanges entre deux mérides complémentaires. La physiologie des animaux phytozoaires est trop peu connue pour que nous puissions étudier leur vieillissement d'une manière approfondie. Nous voyons déjà cependant que la division du travail physiologique pourra contribuer à faire que la vieillesse de l'individu total influe sur la vieillesse des mérides particuliers et réciproquement. Mais c'est surtout chez les êtres artiozoaires que ces phénomènes sont remarquables, et nous allons les étudier dans quelques types caractéristiques de ce groupe supérieur du règne animal.

1. Voyez Edm. Perrier, *Les Colonies animales.*

CHAPITRE XII

Chez quelques-uns de ces animaux, nous allons trouver des phénomènes de vieillesse tout à fait spéciaux et comparables à ceux des cultures de bactéridies charbonneuses par le rôle qu'y joue l'accumulation des substances R liquides dans le milieu intérieur. Nous commencerons par étudier ces phénomènes tout à fait exceptionnels, pour nous étendre ensuite davantage sur ceux que présentent le plus grand nombre des animaux, et dans lesquels les substances R solides jouent le rôle le plus important.

Animaux se transformant en sacs d'œufs. — A chaque moment de l'évolution d'un être se pose le dilemne suivant : si le renouvellement du milieu intérieur est possible, la vie élémentaire manifestée des tissus l'est également; sinon, la condition n° 1 n'étant plus réalisée, il y a condition n° 2 ou condition n° 3. Enlevez les reins à un homme, il sera condamné à mourir très rapidement; il ne faut donc pas s'étonner que chez tous les animaux *vivants* le mécanisme du renouvellement du milieu soit précisément adapté aux besoins spéciaux de ces animaux. Tous ceux chez lesquels il en est autrement sont voués à une mort fatale; mais il y a des cas où cette mort de l'animal n'entraîne pas la mort élémentaire de tous ses tissus; c'est la condition n° 3 et non la condition n° 2 qui survient. En voici un exemple :

Certains crustacés commencent leur évolution suivant le type commun à tous les crustacés; ils ont des pattes articulées, des organes destinés au renouvellement du milieu intérieur, etc. A un moment donné de leur évolution, et toujours au même moment pour une espèce déterminée dans des conditions déterminées, les organes de renouvellement du milieu se trouvent dans l'impossibilité de fonctionner et il en résulte ce qu'on appelle une métamorphose régressive. La plupart des éléments des tissus se trouvant à la condition n° 2 se détruisent et remplissent le milieu intérieur des produits de leur destruction; les organes extérieurs perdent leur apparence caractéristique, l'animal devient un sac plus ou moins informe. Seuls, quelques éléments spéciaux restent à la condition n° 1 et s'emparent des produits de la destruction des autres; ce sont les éléments reproducteurs, qui finissent ainsi par remplir presque complètement le sac; il n'y a plus d'animal à proprement parler, mais une agglomération d'œufs isolés les uns des autres et dont chacun, mis en liberté par la rupture des parois ou tout autrement, sera le point de départ d'un nouvel individu.

Cette vieillesse particulière, qui transforme l'animal en un sac d'œufs, se rencontre particulièrement chez les espèces parasites.

Animaux à revêtement chitineux; rajeunissement par la mue. — Chez tous les animaux supérieurs, des substances R solides se produisent au cours de la vie élémentaire manifestée d'un grand nombre d'éléments histologiques; ces substances sont naturellement différentes dans les différentes espèces, différentes aussi dans les divers tissus d'une même espèce. Chez les animaux de l'embranchement des Arthropodes, une substance dure spéciale, la *chitine*, se produit sans cesse au cours de la vie élémentaire manifestée de *tous* les épithéliums et forme, par suite, un revêtement continu à la surface du corps; ce revêtement chitineux n'est pas localisé à la surface *extérieure*; il tapisse toutes les anfractuosités, toutes les cavités formées par les invaginations épithéliales (trachées, tube digestif, etc.). Or, tant que ce revêtement est mince, il est relativement extensible et permet l'accroissement du corps, mais quand il est devenu épais, et cela arrive fatalement puisque la production de chitine s'effectue constamment, l'animal se trouve emprisonné dans une prison inextensible, et est par conséquent dans l'impossibilité de continuer à s'accroître. Si l'animal n'est pas adulte, la vie élémentaire manifestée de ses éléments se traduit forcément par un accroissement du volume total; cet emprisonnement dans des limites restreintes doit donc entraîner des troubles graves.

Mais si la paroi est inextensible, elle n'est pas incassable; l'accroissement du corps qu'elle contient la fait éclater en un point et l'animal sort de sa prison par cette fente; c'est ce qu'on appelle le phénomène de la *mue.*

L'arthropode qui vient de muer a les téguments mous et extensibles; mais la vie élémentaire manifestée de ses éléments épithéliaux produit rapidement une nouvelle couche de chitine qui s'épaissit de plus en plus et rend, au bout de quelque temps, une nouvelle mue nécessaire à la possibilité de l'accroissement du corps.

Le phénomène de la mue des arthropodes présente un grand intérêt à cause de l'idée que plusieurs auteurs se sont faite de la nature de l'état adulte; W. Roux admet, par exemple, que chaque élément, occupant une place déterminée, empêche par là même ses voisins de se développer. La mue des arthropodes répond d'une manière très nette à cette interprétation. Chez ces êtres, en effet, la limitation du volume total à un moment donné est évidente et réalisée mécaniquement. Il devrait donc, suivant M. Roux, se produire une lutte entre les éléments du corps, chacun voulant profiter, aux dépens de son voisin, de la place restreinte disponible. Or cela ne se produit pas; tous les éléments continuent de se développer, et leur ensemble fait éclater par son accroissement les parois de la prison, qui semblait devoir limiter définitivement le volume du corps.

Le balancement des heures de fonctionnement et de repos, nécessité comme nous l'avons vu par la lenteur de l'élimination des substances fluides du terme R, explique au contraire d'une manière très précise l'établissement de l'état adulte.

Voilà un phénomène d'encroûtement externe par la chitine que l'on peut considérer comme un vieillissement, puisqu'il oppose une gêne au fonctionnement de l'organisme, mais qui est corrigé par un rajeunissement, la mue chitineuse.

L'accumulation des substances R solides dans l'inté-

8.

rieur même des organismes, est plus grave, car elle
ne peut être corrigée par une mue, et c'est en effet à
elle que nous sommes conduits à attribuer la vieillesse
des animaux supérieurs en général.

Vieillesse des vertébrés et de l'homme. — Après avoir
exposé les considérations précédentes, il ne nous
reste plus que bien peu de choses à dire à propos de ce
qui est l'objet principal de ce chapitre, la vieillesse de
l'homme.

L'état adulte s'établit d'une manière fort compréhen-
sible, par le balancement des heures de fonctionnement et de repos, comme nous l'avons vu. Ce balancement est en rapport avec la lenteur de l'élimination
des substances R fluides qui accompagnent la vie
élémentaire manifestée des éléments.

Mais il y a aussi des substances R solides qui se
produisent constamment dans les tissus en fonction
et qui, ensuite, ne sont pas éliminées, Ces substances
encroûtent les tissus correspondants. Tels sont les os,
les cartilages, etc., qui ne jouent guère chez l'adulte
qu'un rôle de soutien. Il en est de même pour les
muscles, quoique cela soit moins évident à la simple
observation.

Un muscle se compose de fibres musculaires, dont
chacune est entourée d'une gaine conjonctive de substance R, de sorte que l'ensemble du muscle comprend
deux parties : la substance musculaire proprement
dite et la substance conjonctive ou squelettique. Dans
un muscle adulte, et nous constatons qu'ils le sont tous
à partir d'un certain âge-durée chez l'homme, la substance musculaire diminue constamment par rapport à
la substance squelettique, car la première se produit
au cours du fonctionnement en même temps qu'une

quantité proportionnelle de la seconde, et se détruit petit à petit pendant le repos fonctionnel, tandis que la seconde se conserve, de telle manière qu'un muscle qui a fonctionné longtemps est encombré de substance conjonctive.

Tout le monde a remarqué, en effet, que la viande des animaux jeunes est plus tendre, moins coriace que celle des animaux âgés; les muscles des animaux très vieux ne sont plus que des accumulations de substance tendineuse et aponévrotique, et il est impossible de les mâcher.

Chez un animal d'un âge déterminé, les muscles dont les heures de fonctionnement sont nombreuses par rapport aux heures de repos, le muscle cardiaque, par exemple $\left(\frac{\text{systole}}{\text{diastole}}\right)$, sont bien plus coriaces que ceux dont les heures de repos sont plus nombreuses, comme le muscle appelé *filet* en boucherie. De plus, les muscles de cette dernière catégorie sont non seulement moins chargés de substance conjonctive, mais aussi infiltrés de graisse, à cause de la destruction plastique pendant les heures du repos.

Cette augmentation de la quantité des substances squelettiques par rapport aux substances plastiques est *fatale* et c'est elle qui est le facteur principal de la vieillesse. Les organes encombrés de ces substances squelettiques sont de moins en moins aptes à accomplir les fonctions qui les entretiennent dans leur état adulte. La coordination de l'ensemble de l'organisme est de plus en plus fragile.

Le vieillissement n'atteint pas les divers tissus avec la même rapidité; les épithéliums constamment rajeunis par la desquamation (élimination des substances R) restent toujours jeunes. Si la peau se ride,

c'est que les muscles dermiques envahis par la substance conjonctive, deviennent de moins en moins
souples et finissent par ne plus l'être du tout; c'est
ainsi qu'un plissement de la peau, obtenu pendant le
jeune âge par la contraction de certains muscles et s'ef-
façant aussitôt que le relâchement a lieu, produit, à la
longue, s'il est souvent répété, un squelette conjonctif
qui dessine un sillon de plus en plus accentué; le sou-
rire est devenu une ride; on dit que les traits du vieillard sont figés par l'âge.

Les os vieillissent plus vite que les autres tissus;
certains d'entre eux ne sont plus chez les vieillards
que des squelettes dépourvus de substances plastiques,
ce qui rend leur cicatrisation impossible après une
fracture, etc.

Chez des hommes, même très vieux, il y a encore
des cicatrisations possibles dans certains tissus, ce qui
prouve que la sénescence, décrite par Maupas chez les
Infusoires, ne se produit pas chez *tous* les éléments
histologiques. Mais, si elle ne se produit pas chez tous,
il n'y a aucune raison de supposer quelle se produit
chez quelques-uns et l'on voit d'ailleurs qu'il est inutile
de la faire intervenir dans l'explication de la vieillesse
des hommes.

Le vieillissement psychique accompagne, d'une
manière plus ou moins frappante à l'extérieur, le
vieillissement physiologique, et la mort psychique finit
par survenir au même moment que la mort physiologique, qui est la terminaison de l'individualité dans le
temps...

III

L'INDIVIDUALITÉ DANS L'ESPACE

CHAPITRE XIII

INDIVIDUALITÉ ET POLYZOÏSME

Il n'y a pas de terme plus mal défini en histoire naturelle que le mot Individu. Et cependant l'on s'en sert constamment sans précaution; cela n'a pas d'importance quand il s'agit seulement de désigner tel ou tel animal ou végétal, mais il n'en est plus de même quand on fait des appellations courantes du langage le point de départ d'une théorie scientifique.

Dans la leçon inaugurale de son cours semestriel à la Sorbonne [1], M. Delage a discuté la conception polyzoïque des êtres supérieurs. Il a posé la question de la manière suivante :

[1]. *Revue scientifique*, 23 mai 1896.

« Doit-on considérer les êtres polycellulaires comme des individualités réelles, des personnes indécomposables, ou comme des agrégats, des colonies d'individualités d'ordre inférieur? »

A ce propos, le savant professeur a repris toutes les théories ontogénétiques et renversé les plus généralement adoptées d'entre elles. Il s'est appliqué à démontrer que, chez les annelés, articulés, vertébrés, etc., *la segmentation est un trait d'organisation et non l'indice d'un morcellement de l'individualité* (p. 649).

Voilà une formule spécieuse et qui semble devoir satisfaire les plus difficiles, mais qui malheureusement ne résiste pas à un examen approfondi. Qu'est-ce en effet que l'individualité? Y a-t-il une notion plus confuse et plus trompeuse? Le mot individu s'applique à des milliers de cas et chaque fois dans une acception différente; à laquelle de ces acceptions s'est arrêté l'auteur, il ne nous le dit ni dans sa leçon ni dans son livre; il considère l'individualité comme une notion primitive qu'il est inutile de définir, et il établit que les annelés par exemple sont, *contrairement aux opinions le plus généralement adoptées, des individualités parfaites.*

M. Ed. Perrier, l'éminent auteur des *Colonies animales*, a montré combien il est difficile de définir l'individu en zoologie; il considère que, l'indivisibilité des organismes supérieurs comme l'homme, ayant donné naissance à la conception particulière de l'individualité, on doit être très circonspect lorsqu'on veut étendre cette conception aux organismes inférieurs. Un grand nombre de définitions ont été tentées, les unes zoologiques, les autres physiologiques, toutes contradictoires. Or la question du polyzoïsme se résume à ceci :.

« Tel être métamérisé se compose-t-il de plusieurs
individus ou d'un seul? » Comment discuter cette question et s'entendre, si l'on n'est, par avance, tombé
d'accord sur la définition du mot individu? M. Delage
n'en propose aucune, et cela ne l'empêche pas cependant de démontrer (p. 648) que « les segments de
la région moyenne du tronc d'un annelé ne repré-
sentent pas des individus, mais des fractions d'individus, ce qui est, ajoute-t-il, la négation du polyzoïsme ».

Il est dangereux en biologie d'employer des expressions qui nécessiteraient une définition rigoureuse :
« La segmentation de l'Annélide est fort probablement,
dit M. Delage (p. 649), le résultat, non d'un bourgeonnement, mais d'un certain mode d'accroissement combiné à une influence biomécanique qui a son origine
dans les conditions de vie de l'animal. » Qu'est-ce donc
que le bourgeonnement, sinon un certain mode d'accroissement combiné, etc., etc.? Mais, direz-vous, le
bourgeonnement produit des individus nouveaux! Alors
qu'est-ce qu'un individu? ou bien, le bourgeonnement
reproduit des parties semblables aux parties préexis-
tantes, mais n'est-ce pas précisément le cas chez les
Annélides?

« Voici une Hydre d'eau douce. *Elle constitue un
individu bien défini* » (p. 644). Et les expériences de
Trembley! Ne nous ont-elles pas appris que l'on peut
faire avec cet individu un grand nombre de morceaux
qui deviennent des individus semblables? Pourquoi
donc l'hydre serait-elle un individu mieux défini que
la *colonie* de deux hydres non encore séparées? Cette
colonie, nous dit M. Delage, est une *individualité polyzoïque*. Mais tout à l'heure polyzoïsme était le contraire

d'individualité; individualité était la négation de polyzoïsme; comment concilier tout cela?

Toutes ces expressions vagues ne sont pas particu-
liè: M. Delage; elles sont malheureusement dans
la langue biologique courante, et si elles ne sont pas
nuisibles tant qu'il ne s'agit que de décrire des espèces,
il n'en est plus de même quand il s'agit de discuter
des théories fondamentales et que l'on s'appuie sur
des mots comme s'ils représentaient des faits bien
établis.

Voilà les zoïdes de Siphonophores qui « tombent au
rang physiologique de simples organes, sans cesser
d'avoir la signification morphologique d'*individus autonomes* ». Encore une nouvelle signification du mot
individu, probablement, car il est bien certain que les
zoïdes différenciés de Siphonophores ne peuvent pas
continuer à vivre quand on les détache de la *colonie*.
Pas plus d'ailleurs que la tête, le thorax ou l'abdomen
d'un insecte, auxquels M. Delage refuse cependant,
pour cette raison même, je pense, la qualification de
« groupe d'anneaux primaires ayant une individualité
quelconque ».

Nous venons de voir donner à des zoïdes la signification *morphologique* d'individus autonomes, il doit
donc y avoir une définition morphologique de l'individualité. Mais comment se fait-il alosr que (p. 646) « le
concept colonie soit d'ordre physiologique », puisque
ces deux termes colonie et individu sont l'antithèse
l'un de l'autre? Tout à l'heure les zoïdes étaient tombés
au « rôle physiologique de simples organes », le mot
organe va donc avoir une signification précise probablement? Pas le moins du monde; voici un peu plus
loin que, « aux degrés les plus élevés de l'échelle

animale, l'individu est une vraie colonie d'organes '! »
(P. 047.)

Que de contradictions dues à l'emploi de ces mots
non définis, organe, individu, colonie, pris tour à tour
dans des acceptions différentes! Ce sera encore bien
pis quand il s'agira des êtres unicellulaires, chez lesquels la notion d'individualité, non seulement est difficile à établir, mais est en même temps inutile et souvent nuisible, comme j'ai essayé de le montrer ailleurs [2].
M. Delage en part pour établir que l'homme n'est
qu'un protozoaire perfectionné [3]. Voilà un mot, *protozoaire*, qui avait une signification et qui n'en a plus,
c'est tout ce qu'il faut conclure de là. « Nous savons
que de nombreux protozoaires sont polynucléés *sans
cesser pour cela d'être protozoaires* » (p. 649). Tout cela
est une question de mot, de convention. On pourrait
faire une définition du mot protozaire qui s'applique-
rait à tous les êtres vivants; mais alors le mot devien-
drait inutile.

Je ne me permettrai pas de discuter le fond même
de la théorie de M. Delage, car j'avoue que, la question
d'individualité mise à part, je ne vois pas bien en quoi
elle diffère des autres; l'observation prouve que dans
un très grand nombre de cas la segmentation de l'œuf

1. M. Delage m'a reproché de lui avoir prêté ici une opinion
qu'il cite précisément comme étant celle qu'il combat (*Rev. sc.*,
20 juin 1896). Je me permettrai de lui faire remarquer que je
combats, non son opinion que je n'ai pas bien comprise, mais
le langage dans lequel il expose tant sa propre manière de
voir que celle de ses adversaires scientifiques.

2. *Théorie nouvelle de la vie*; Alcan, 1896. Voyez aussi dans ce
livre les *essais de définition de l'individualité métazoaire*.

3. Il est vrai que vingt-cinq lignes plus bas il ajoute : « Nous
ne voulons pas dire par là que les Rotifères soient des Infusoires
perfectionnés. »

donne naissance à un grand nombre de cellules distinctes ; or les sciences naturelles sont des sciences d'observation et je ne crois pas légitime de tirer de deux ou trois exemples très particuliers une loi générale qui soit en contradiction avec la majorité des faits observés. Le noyau se divise toujours avant qu'une membrane apparaisse entre les deux cellules filles, et voilà tout...

Reste donc la question d'individualité : « En général on a le droit de penser que l'être polycellulaire ne dérive pas d'une *colonie* de cellules ; qu'il constitue une *individualité homologue* à la cellule... » (p. 653). Mais qu'est-ce qu'une colonie ? Qu'est-ce qu'un individu ? On ne pourra discuter sur ces mots que lorsqu'ils seront suffisamment définis, et ce ne sera, même alors, qu'une discussion de mots, fondée sur la plus ou moins grande légitimité des conventions ayant servi à les définir [1].

* *
* *

Dans le numéro même de la revue où ont paru les lignes précédentes, M. Delage m'a répondu pour me dire que la définition de l'individualité était non seulement inutile mais même nuisible pour l'étude des questions d'individualité :

« Dans une critique de mon étude sur la conception polyzoïque des êtres parue dans un des derniers numéros de cette revue, M. Le Dantec me reproche d'avoir écrit sur le polyzoïsme sans avoir défini l'individu. *C'est à dessein que je ne l'ai pas fait* et je crois

---

1. Tout ce chapitre a paru dans la *Revue scientifique*, 20 juin 1893.

avoir eu grandement raison, car *ç'aurait été porter là discussion d'une question très positive sur le terrain de la métaphysique*, où elle n'aurait pu que s'embourber. Que l'on demande à un géomètre de définir rigoureusement les figures dont il étudie les propriétés, c'est fort bien ! Mais ira-t-on demander au juge qui condamne un malfaiteur pour avoir scié une porte, de trancher au préalable la question, jadis célèbre, de savoir si c'est l'homme ou la scie qui a scié la porte? La définition générale de l'individu n'a aucun intérêt dans la question que j'ai étudiée. *Le sens des mots colonie et individu varie suivant les conditions où on les emploie*, mais si, dans chaque cas particulier, ces mots ont un sens bien clair, que peut-on demander de plus? Or c'est ce qui a lieu dans le cas actuel, comme je vais le montrer dans un instant...

« Quand une Hydre forme sur les côtés de son corps un bourgeon qui grandit, *devient identique à la mère* et se sépare d'elle pour mener une vie indépendante, je dis qu'elle s'est multipliée et a donné naissance à un nouvel individu ; et tout le monde comprend le fait que j'énonce, et je n'irai pas obscurcir une chose aussi claire en cherchant si ce nouvel être est, ou non, vraiment un *individu* d'après telle ou telle définition. — Quand un Polype forme sur les côtés de son corps un bourgeon qui grandit, *devient identique à la mère*, mais ne se sépare pas d'elle, je dis qu'il s'est multiplié et a donné naissance à une colonie; et le fait que j'énonce ne peut être obscur pour personne. — Quand un insecte, passant de l'état larvaire à l'état adulte, forme sur son dos une paire d'ailes qu'il ne possédait pas auparavant, je dis qu'il ne s'est pas multiplié, qu'il n'a donné naissance ni à un nouvel individu, ni à une colonie, mais qu'il a ajouté une complication nouvelle à son organisme *sans rien changer à la nature de son individualité.* — *Cela bien compris,* je me demande, quand une larve d'Annélide segmente son corps, si ce qu'elle fait est comparable au bourgeonnement de l'hydre ou à la formation des ailes de l'Insecte. Il y a là une question bien précise qui n'a rien à démêler avec les discussions stériles sur l'individualité et qui peut être résolue dans un sens ou dans un autre par des arguments positifs tirés de l'embryogénie : on la résolvait dans le premier sens, je crois avoir prouvé qu'il faut la résoudre dans le second.

« Dans toute mon étude, je me suis placé sur ce terrain *solide,* et j'ai la certitude d'avoir été compris de tous ceux qui avaient l'esprit libre de préoccupations métaphysiques[1]. »

Il faut donc que je ne sois pas dans ce cas, car l'explication précédente ne me satisfait pas le moins du monde. Je vois bien que, dans les deux cas de l'Hydre et du Polype, M. Delage nomme *individu nouveau ou membre d'une colonie* un bourgeon qui, en grandissant, *devient identique à la mère* et qu'il refuse cette dénomination à un bourgeon qui, comme l'aile du papillon, *ne devient pas identique à la mère* et, par suite, *ne change rien à la nature de son individualité* (?). Mais quand le bourgeon du polype *ne devient pas identique à la mère,* comme dans les siphonophores, entre-t-il dans le premier ou dans le second cas? c'est là qu'est la difficulté. Et, d'autre part, quand l'œuf d'un oursin donne deux blastomères *identiques à la mère,* M. Delage

1. Delage, *La question du polyzoïsme et la définition de l'individu.* Réponse à M. Le Dantec. *Revue scientifique,* 20 juin 1896.

ne nous dit-il pas précisément que c'est une erreur de croire que l'individualité est devenue double? Je me contente de rappeler comment M. Delage lui-même a posé la question[1] :

« Doit-on considérer les êtres polycellulaires comme des individualités réelles, des personnes indécomposables, ou comme des agrégats, des colonies d'individualités d'ordre inférieur? » Voyez-vous le moyen de répondre à cette question sans avoir défini l'individualité?

Je ne puis que répéter ce que je disais tout à l'heure : Qu'est-ce qu'une colonie? Qu'est-ce qu'un individu? On ne pourra discuter sur ces mots que lorsqu'ils seront suffisamment définis, et ce ne sera, même alors, qu'une discussion de mots fondée sur la plus ou moins grande légitimité des conventions ayant servi à les définir.

Voici donc une nouvelle forme de l'erreur individualiste; elle consiste à croire que le mot *individu* est suffisamment clair par lui-même et à s'en servir dans mille acceptions différentes. De cette nouvelle forme de l'erreur individualiste résulte un nouveau malentendu.

Nous avons vu plus haut[2] que les déterministes et les vitalistes sont en désaccord constant dans l'interprétation des mêmes faits par suite de l'emploi de deux langages incompatibles. Dans le domaine de la zoologie pure, M. Delage introduit un différend de même nature et ayant aussi peu de raison d'être, car, comme il le dit lui-même volontiers, les faits sont les faits,

1. Voyez plus haut, p. 142.
2. Voyez chap. II.

et l'étude de *Salinella* ne renverse pas toute l'embryologie[1].

Je n'ai pas l'intention de reprendre ici la définition de l'Individualité; j'ai déjà essayé ailleurs[2] de montrer à quelles difficultés l'on se heurte quand on l'entreprend d'une manière générale; cette définition trouvera d'ailleurs mieux sa place dans l'étude de l'évolution individuelle et de l'hérédité.

Je voudrais seulement avoir montré dans les lignes précédentes combien est dangereuse cette notion, si naturelle à l'homme, de l'individualité animale, et combien il est nécessaire de se méfier, dans les questions d'ordre purement scientifique, des pièges d'un langage courant absolument dépourvu de précision. Il me reste à indiquer, en terminant, le rôle de l'erreur individualiste dans le problème de l'hérédité tel qu'il est posé généralement.

1. Voyez Ed. Perrier, *Le mécanisme de la complication organique chez les animaux. Rev. gén. sc.*, 30 avril 1897.
2. *Théorie nouvelle de la vie*, chap. XXIII.

IV

L'ERREUR INDIVIDUALISTE DANS L'ÉTUDE DE L'HÉRÉDITÉ

CHAPITRE XIV

LA VARIATION SPÉCIFIQUE

En ce moment surtout, la question de la transmissibilité aux enfants des tares individuelles des parents est plus que jamais à l'ordre du jour; elle se discute dans les romans et dans les pièces de théâtre et les auteurs défendent avec passion des thèses contradictoires basées le plus souvent sur un petit nombre d'observations plus ou moins exactes. Une théorie expliquant le mécanisme de l'hérédité et permettant par suite d'affirmer que tel caractère des parents sera, que tel autre ne sera pas transmissible aux enfants, aurait donc de grandes chances d'être accueillie avec

enthousiasme, mais au lieu d'être utile une telle
théorie serait au contraire très dangereuse si, fondée
sur quelques observations forcément incomplètes, ou
même construite *a priori* de toutes pièces, elle amenait
son auteur à nier tous les faits qu'elle ne permet pas
de prévoir ou seulement d'interpréter.

L'exemple de Weissmann est fort intéressant à cet
égard. Reprenant pour les compléter les théories de
Darwin, il jugea nécessaire d'imaginer un système
d'hypothèses qui permît d'expliquer le mécanisme de
l'hérédité [1], parce que l'illustre naturaliste anglais avait
fait intervenir la transmissibilité des caractères acquis
dans la formation des espèces par sélection naturelle.
Il construisit ainsi cet échafaudage aussi merveilleux
par son ingéniosité que peu solide par ses fondements
purement imaginatifs; or il s'aperçut bientôt que si
son système expliquait l'hérédité des caractères congénitaux des parents, il s'opposait au contraire à la possibilité de la transmission des caractères acquis [2].
Moins entraîné par ses hypothèses, il aurait conclu de
ce résultat que sa théorie était erronée puisqu'elle ne
pouvait fournir l'explication de ce qu'elle était précisément destinée à faire comprendre. Il préféra nier les
faits qui le gênaient et s'acharna à démontrer, contre
toute évidence, qu'un caractère acquis *ne peut être*
héréditaire, que d'ailleurs la sélection naturelle suffît

1. Darwin avait lui-même imaginé un système du mécanisme
de l'hérédité, mais il arrivait à expliquer par la circulation
des gemmu ... énomène absolument inconcevable d'ailleurs)
a transmission des caractères acquis.

2. Hartog a montré sans peine que dans cette hypothèse, les
caractères congénitaux se réduisent à ceux du protozoaire ancêtre et que la formation des espèces aujourd'hui existantes
devient incompréhensible.

à elle seule à expliquer la formation des espèces sans qu'il soit nécessaire d'admettre l'hérédité des caractères qui ne sont pas congénitaux chez les parents.

Malgré le peu de solidité du système de Weissmann, quelques savants se sont rangés sous son étendard et se sont acharnés à démontrer que les cas, connus et considérés comme classiques, de transmission héréditaire de caractères acquis, reposent sur des observations incomplètes ou inexactes. Leurs démonstrations reposent en réalité sur cette affirmation *a priori* que, les théories de Weissmann étant admises une fois pour toutes, cette transmission est de toute impossibilité.

De cette levée de boucliers contre l'hérédité des caractères acquis, il est résulté naturellement quelque chose de profitable à la science, les partisans de ce genre d'hérédité s'étant trouvés obligés d'étudier de plus près les phénomènes connus et jusque-là incontestés; dans la discussion de ces faits, les néo-lamarckiens emploient, pour répondre à Weissmann, la méthode vraiment scientifique qui consiste à se débarrasser de toute idée *a priori* et à faire les observations en toute sincérité; c'est seulement *a posteriori*, après avoir honnêtement discuté la réalité des faits constatés, que l'on est en droit d'en chercher une explication mécanique. Mais dans cette recherche, on a bien de la peine à se garder de l'erreur individualiste.

Il y a en effet, dans un être vivant, des substances plastiques ou vivantes, des substances alimentaires et des substances de rebut [1].

Il serait très important, au point de vue de la clarté

1. Substances *a*, Q et R de la *Théorie nouvelle de la Vie* (Bibl. sc. Internationale).

9.

du langage, de définir précisément les substances plastiques par rapport aux substances mortes qui les accompagnent dans les êtres complexes; on ne le fait pas, à cause du langage individualiste, source de l'erreur de méthode que je vais essayer de combattre dans ce volume.

C'est à cause de ce langage individualiste que nous nous étonnons de l'hérédité, parce que nous considérons l'hérédité d'*être* à *être* et non l'hérédité d'œuf à œuf. En réalité, la question ainsi posée est double et contient à la fois l'hérédité et l'évolution individuelle Il faut séparer ces deux questions en étudiant l'hérédité d'œuf à œuf et se préoccupant, non des caractères individuels de l'agglomération polyplastidaire intermédiaire aux deux œufs, mais seulement de ceux des plastides qui la constituent.

Et encore faut-il seulement s'attacher aux substances plastiques de ces plastides et non à leur ensemble?

Puis, il faut considérer l'évolution individuelle comme un réactif qui permet de saisir des variations infimes.

Tout cela est très difficile à cause de l'erreur individualiste.

Mais il y a encore autre chose; l'hérédité ne peut s'étudier que comme conclusion de *toutes* les sciences biologiques. Voici à ce sujet un passage emprunté au livre [1] de E. D. Cope, l'ancien chef de l'École néo-lamarckienne :

« La science de l'évolution est la science de la création et, comme telle, doit être nettement séparée des sciences qui se rapportent aux autres opérations de la

---

[1]. E. D. Cope, *The primary factors of organic evolution*, Chicago, 1896. L'auteur de ce livre est mort il y a quelques mois.

nature ou au fonctionnement de la nature, opérations
qui se ramènent à des processus de *destruction* et non
à des processus de *création*. Ce contraste est particulièrement frappant dans l'évolution organique où les
deux processus se déroulent côte à côte et sont souvent étroitement entremêlés, comme, par exemple, dans
l'action musculaire où la destruction de substances
protéiques et l'accroissement du tissu musculaire
résultent des mêmes opérations, du même fonctionnement. La physiologie, ou la science des fonctions, s'occupe principalement de la destruction, et
il en résulte que les physiologistes sont particulièrement enclins à ne pas se préoccuper des phénomènes
et des lois de l'évolution progressive. La construction
de l'embryon reste lettre close pour le physiologiste à
moins qu'il ne tienne compte de la science biologique
complémentaire, la science de l'évolution telle qu'elle
ressort des faits de la botanique, de la zoologie et de la
paléontologie. »

Cette définition de la physiologie me paraît erronée;
j'ai essayé de montrer que les phénomènes vraiment
vitaux, ceux par lesquels les substances dites vivantes
se distinguent des substances dites brutes sont précisément les phénomènes qui s'accompagnent de création organique [1] et que les phénomènes qui s'accompagnent de destruction ne sont aucunement caractéristiques de la vie [2]. Une définition qui tendrait à faire

---

1. *L'assimilation fonctionnelle* (*Théorie nouvelle de la vie*,
chap. XXI).

2. Un corps vivant est pesant comme une substance brute.
Y a-t-il quelque chose de spécial dans la manière dont tombe un
corps vivant? Évidemment non; mais il y a quelque chose de
tout à fait caractéristique dans sa reproduction

de la physiologie la science de la mort ne me semble donc pas acceptable, mais je n'ai pas l'intention d'entrer ici dans une discussion à ce sujet; le passage de Cope que je viens de citer contient, à côté de cette notion de la destruction fonctionnelle, l'expression d'une des vérités les plus importantes de la biologie générale, celle de la solidarité des différentes branches de cette vaste science, branches qui, étudiées le plus souvent à part, sous les noms de physiologie, morphologie, embryologie, évolution des espèces, présentent, considérées seules, un ensemble forcément incomplet et ne peuvent par conséquent conduire à l'établissement définitif des lois de la Vie. C'est à Lamarck que revient la gloire d'avoir le premier compris cette grande vérité et d'avoir montré que les opérations dites physiologiques ont un retentissement trop évident sur la morphogenèse pour pouvoir être étudiées à part. Je vais essayer d'exprimer cette solidarité des sciences biologiques au moyen du langage chimique que j'ai employé déjà dans plusieurs ouvrages de biologie générale.

Le phénomène fondamental de la vie élémentaire est le phénomène d'assimilation, c'est-à-dire le phénomène de l'accroissement *quantitatif* des substances plastiques a d'un plastide à la condition n° 1 :

$$a + Q = \lambda a + R$$

est l'équation de l'assimilation, autrement dit l'équation de *la vie élémentaire manifestée*. Une étude attentive des faits prouve que cette dernière appellation est justifiée, c'est-à-dire que la vie élémentaire se *manifeste* uniquement à la condition n° 1, les réactions des

substances plastiques à la condition n° 2, n'ayant rien
qui les distingue fondamentalement des substances
brutes. λ est un coefficient qui dépend naturellement
du temps pendant lequel on a suivi les réactions que
représente l'équation précédente, mais qui est toujours
plus grand que 1.

Considérons un corps vivant à un moment déterminé.
La morphologie est, par définition, l'étude de la forme
de ce corps à ce moment déterminé. Si le plastide considéré est à la condition n° 1, la masse de ses substances plastiques augmente constamment et est par
conséquent le siège d'une variation[1] morphologique
constante. Lors donc qu'on parle d'un plastide déterminé sans spécifier le moment où on l'examine, on est
obligé de donner de la forme de ce plastide une des-
cription assez large pour qu'elle permette de le reconnaître partout et toujours; la morphologie comprend
donc forcément l'évolution individuelle et ne saurait en
être séparée.

L'équation écrite plus haut représente la résultante
d'un grand nombre de réactions chimiques, naturellement accompagnées de phénomènes physiques plus ou
moins frappants[2]. Si l'observation du plastide à la condition n° 1 est assez peu prolongée pour que le coefficient λ, correspondant à la durée de l'observation, ne
soit pas sensiblement supérieur à l'unité, les phénomènes élémentaires physiques ou chimiques, dont le
résultat est l'assimilation, pourront être bien plus

1. « Variation morphologique » étant pris ici dans le sens le
plus large; cette variation peut dans certains cas altérer seulement les dimensions du plastide sans l'empêcher de rester, au
sens géométrique du mot, un solide *semblable* à lui-même.

2. De phénomènes de mouvement, par exemple.

remarquables que l'assimilation elle-même et la variation morphologique qui en résulte. L'étude de ces phénomènes élémentaires sera l'étude physiologique du
plastide. Telle sera par exemple l'étude du mouvement
spécifique, de la chimiotaxie, de la nature chimique
des substances R qui résultent de la vie élémentaire
manifestée du plastide nourri avec telles ou telles
substances Q, etc. La physiologie des plastides revient
donc à l'étude des phénomènes que permet de constater l'*observation de courte durée*.

Cette définition peut sembler inexacte dans certains
cas. Lorsqu'on étudie, par exemple, la fabrication de
la bière, on poursuit l'observation bien au delà du
temps nécessaire à une cellule de levure pour en
donner deux et cependant cette étude est physiologique; sans doute, mais si l'on attend assez longtemps
pour que les substances R s'accumulent considérablement dans le moût, c'est parce qu'on veut étudier ces
substances en grande quantité; la fermentation, poursuivie très peu de temps, donne des produits de même
nature et c'est par conséquent en réalité, un phénomène justiciable de l'observation, de courte durée,
qu'on étudie dans le cas considéré; quant au phénomène concomitant de l'accroissement du nombre des
cellules de levure, il n'est justiciable que de l'observation de plus longue durée; la physiologie proprement
dite ne s'en occupe pas.

Si l'on renonce d'avance à tout essai d'explication
générale des phénomènes vitaux, on peut étudier
séparément la physiologie ou la morphologie, mais il
ne faut jamais oublier cependant que la morphogenèse
est la résultante à longue échéance des phénomènes
physiologiques de courte durée.

Quand il s'agit d'êtres pluricellulaires, comme les animaux supérieurs, il y a un moment où les phénomènes physiologiques seuls sont évidents, parce qu'un balancement s'établit qui détermine l'état adulte, c'est-à-dire un état dans lequel les variations morphologiques sont très peu sensibles, même pour une observation de longue durée. Ce balancement provient, comme j'ai essayé de le montrer ailleurs [1], de ce que les éléments histologiques des animaux supérieurs ne peuvent être tous ensemble à la condition n° 1, mais que quelques-uns d'entre eux au moins passent par des alternatives de condition n° 1 (assimilation) et de condition n° 2 (destruction), dont la résultante est un équilibre morphologique assez parfait.

Il s'ensuit que la physiologie des êtres supérieurs comprend forcément, non seulement l'étude des éléments histologiques à la condition n° 1, mais aussi l'étude des éléments histologiques à la condition n° 2, c'est-à-dire l'étude des phénomènes physiques et chimiques concomitants de la destruction des substances plastiques quand elles réagissent, de même que les substances brutes, suivant une formule de la forme :

$$a + B = C$$

le second membre de l'équation ne contenant pas de substance a (si l'équation est limitée aux corps ayant effectivement réagi). De cet ordre de phénomènes sont, par exemple, la formation de réserves par destruction plastique dans les tissus au repos, la dégénérescence graisseuse, etc., etc.

Il s'ensuit également que, les conditions n° 1 et n° 2

1. *La vie et la mort*, Revue philosophique, 1896.

étant concomitantes de l'accroissement et de la destruction des tissus, la morphogenèse, qui est la résultante de ces périodes d'accroissement et de destruction,
résultera uniquement de l'histoire physiologique des
êtres, et c'est précisément là qu'est le grand principe
établi par Lamarck et sur lequel je m'étendrai longuement tout à l'heure.

J'ai parlé jusqu'à présent de l'observation de longue
durée, cette expression se rapportant aux observations
assez longues pour que le λ de l'espèce considérée soit
sensiblement plus grand que l'unité, sans qu'aucune
limite supérieure soit fixée à la durée de l'observation,
si ce n'est la durée de la vie de l'observateur lui-même.
Il reste à parler de ce qui se passe dans des espaces
de temps bien plus considérables comme les périodes
géologiques par exemple, ou même comme l'intervalle
qui s'est écoulé depuis l'apparition de la vie sur la
terre jusqu'à nos jours. La discussion de l'équation de
la vie élémentaire pendant un intervalle très court
constitue la physiologie; la discussion de cette équation pour des intervalles plus considérables, mais
inférieurs cependant à une certaine limite, nous
apprend l'*évolution individuelle*; sa discussion pour
des intervalles extrêmement grands, comme les périodes
géologiques, nous enseignera l'*évolution des espèces*.
Toutes les considérations précédentes étaient destinées
à nous amener à ceci, que l'étude de l'évolution des
espèces ne saurait être séparée des études des phénomènes partiels d'où elle résulte, c'est-à-dire de la
physiologie et de l'évolution individuelle.

Les substances plastiques se reproduisent *continuellement* par assimilation depuis l'origine de la vie,
mais, par suite de la vie élémentaire manifestée elle-

même, les conditions de milieu étant sans cesse modifiées, il y a dans le monde, comme dans un organisme
pluricellulaire à milieu intérieur limité, des alternatives de condition n° 1 et de condition n° 2, et c'est à
la condition n° 2, quand elle ne détermine pas la mort
élémentaire. que se produit la variation spécifique
dont l'étude a donné lieu à tant de controverses depuis
Lamarck jusqu'à Darwin et à ses successeurs.

Par définition même, l'assimilation détermine la
formation de substances plastiques nouvelles *identiques* à celles d'où elles proviennent; le mot *variation*
semble donc ne pouvoir être appliqué à des corps doués
de la possibilité d'assimilation comme les plastides.
Aussi n'est-ce pas à la condition n° 1, mais bien à la
condition n° 2 que la variation apparaît. Je l'ai déjà
expliqué longuement dans un article de la *Revue
philosophique* [1], je me contenterai donc de le rappeler
en quelques mots.

Soit un plastide composé de 5 substances plastiques
différentes, *a*, *b*, *c*, *d*, *e*. Je le place dans un milieu où
il se trouve à la condition n° 2; il y est le siège d'une
série de réactions *destructives* dont le résultat sera le
plus souvent la mort élémentaire. Mais, dans certain
cas, il arrivera que, au cours de cette destruction, ce
qui restera du plastide initial sera un ensemble de
substances plastiques *a'*, *b'*, *c'*, *d'*, *e'*, *f'*, constituant un
nouveau plastide pour lequel les conditions extérieures
réaliseron la condition n° 1.

En réalité le premier plastide aura disparu, mais
comme le second lui succède sans interruption en tant

---

1. *L'évolution des espèces*, Rev. phil., 1896, et *Théorie nouvelle de
la vie*, livre III.

que masse séparée du milieu ambiant, nous disons
que le premier *a varié et s'est transformé dans le second*.
Or, dans un milieu réalisant pour lui la condition
nº 1, le second plastide donnera naissance à une série
de plastides identiques à lui et différents du premier;
il y aura eu variation spécifique, et cette variation se
maintiendra jusqu'à ce qu'une nouvelle circonstance
réalisant la condition nº 2, détruise l'espèce ou la
transforme en une troisième — ou au moins en détruise
ou en transforme quelques individus, les autres restant
à la condition nº 1 et se conservant ainsi avec leurs
caractères propres. Et ainsi augmente le nombre des
espèces.

Je n'ai parlé jusqu'ici que de plastides; en réalité
tout se ramène à des plastides, même l'étude des
êtres polyplastidaires les plus complexes, et c'est pour
cela que cette étude est relativement simple malgré
son extrême complexité apparente.

Voici un plastide α, œuf ou spore, point de départ
d'un organisme pluricellulaire très complexe. Comment se formera cet organisme complexe? Uniquement
par des bipartitions. Le plastide α donne naissance à
α_1 et β_1, qui donnent naissance à α_2, β_2, γ_2, δ_2, etc... et
au bout de n bipartitions, à α_n, β_n, γ_n,...... ω_n, éléments histologiques au nombre de 2^n. Ces 2^n plastides
sont cimentés par des substances R et constituent une
agglomération polyplastidaire. Si, malgré leur association, tous ont conservé les mêmes caractères,
chacun d'eux, pris isolément, pourra servir de point de
départ à une association nouvelle identique à la précédente. Mais, tel n'est pas le cas pour les êtres supérieurs; cette association de plastides, déterminant la
limitation d'un milieu intérieur spécialisé, les divers

plastides de l'association pourront occuper des situations différentes par rapport aux milieux intérieur et extérieur et pourront *varier* au sens établi plus haut (adaptation au milieu). Quelques-uns, à la condition n° 2, disparaîtront; d'autres, s'adaptant, persisteront seuls et seront le point de départ de plastides ultérieurs également adaptés (sélection naturelle). L'individu total sera donc composé de plastides de diverses natures dont beaucoup seront inaptes à se reproduire isolément [1]. Si, dans l'agglomération, il reste quelques plastides identiques au plastide initial, chacun d'eux sera capable de donner, dans des conditions convenables, un développement d'organisme pluricellulaire identique au premier (hérédité absolue). S'il reste seulement des plastides ressemblant au plastide initial, mais en différant légèrement, ces plastides pourront donner naissance à un organisme pluricellulaire ressemblant au premier, mais différant de lui par quelques points (variation).

Il faut donner ici quelques mots d'explication sur la nature de cette variation. L'embryologie nous apprend que deux œufs identiques (autant que le sont deux œufs provenant en même temps d'un même parent) donnent naissance, même dans des conditions extérieures notablement différentes, à deux organismes pluricellulaires ayant entre eux de grands points de ressemblance, pourvu que les conditions extérieures, quoique différentes, soient favorables au développement.

C'est que les circonstances résultant de l'arran-

---

1. Qui trouveront leur condition n° 1 réalisée *uniquement* dans le milieu intérieur de l'être dont ils font partie.

gement successif des divers blastomères et des variations correspondantes de la composition du milieu
intérieur sont, pour l'individu en voie de construction,
d'une importance bien plus grande que les variations
du milieu extérieur; or ces deux phénomènes, arran-
gement des blastomères et variations du milieu intérieur sont, à peu de chose près, *déterminés dans l'œuf*,
quoique l'influence du milieu extérieur ne soit pas
négligeable. Autrement dit, dans des conditions convenables, mais différentes, deux œufs de hareng don-
neront naissance à deux harengs, c'est-à-dire à deux
êtres beaucoup plus semblables entre eux que ne le
seraient les poissons provenant d'un œuf de hareng et
d'un œuf de sardine, même si ces deux derniers œufs
avaient accompli leur développement dans un même
milieu. L'adulte est la réaction caractéristique de l'œuf,
c'est-à-dire que, à la condition n° 1, l'agencement des
blastomères résultant des bipartitions successives de
l'œuf se fait d'une manière constante (sauf quelques
modifications de détail) pour tous les œufs d'une même
espèce, de sorte qu'il est bien plus facile de distinguer
deux œufs d'espèces différentes par les adultes qu'ils
donnent que par leurs caractères propres d'œufs.

Voilà l'hérédité au sens le plus nettement établi :
le fils d'un hareng est un hareng; personne n'en doute;
c'est ce qu'on appelle l'hérédité des caractères congénitaux. Mais l'influence du milieu extérieur, quoique
secondaire, n'est pas négligeable. Voici deux harengs
frères ; l'un d'eux, par suite de certaines circonstances
extérieures, acquiert un caractère de supériorité. Le fils
de ce dernier, même développé dans des conditions
autres que celles où son père l'a acquis, héritera-t-il
de ce caractère spécial, ou au moins de quelque chose

qui le rappelle? Beaucoup croient que oui, pour des raisons d'observation et indépendamment de toute considération théorique. C'est la question si controversée de l'hérédité des caractères acquis [1].

*
* *

Voici, somme toute, à quelles questions se ramène l'étude de l'évolution spécifique des êtres vivants :

Les êtres vivants assimilent et, par suite de leurs dimensions limitées, se reproduisent. Ils varient; quelques-uns disparaissent quand les conditions extérieures leur sont défavorables; seuls persistent ceux qui sont adaptés aux conditions de milieu (Darwin).

Comment varient-ils? Comment les variations profitables sont-elles transmises aux enfants, si elles le sont, voilà les deux grands points à élucider.

A ces deux questions les néo-darwiniens et les néo-lamarckiens répondent de deux manières tout à fait différentes. Il est à remarquer d'ailleurs que les sciences naturelles sont actuellement encore si jeunes que même les questions de faits les plus importantes sont discutées; les adeptes des diverses théories sont animés d'un esprit de combativité qui les amène à vouloir tout interpréter par le système qu'ils ont adopté et à nier les faits qui ne se plient pas à leur mode d'explication.

Huxley, par exemple, le plus grand des adeptes du darwinisme, se montre très injuste pour Lamarck je

1. Sauf Weissmann et ses élèves, il est cependant peu de savants qui nient aujourd'hui l'hérédité, au moins de quelques caractères acquis par les parents.

lui emprunte le passage suivant, parce qu'il est très caractéristique et qu'il expose assez complètement les théories du grand naturaliste français :

« Lamarck fut entraîné à admettre l'hypothèse de la transmutation des espèces, en partie par sa manière de comprendre les questions cosmologiques et géologiques, en partie par sa conception d'une échelle des êtres présentant des embranchements irréguliers malgré sa gradation générale, idée qu'avait fait surgir chez lui son étude approfondie des plantes et des formes inférieures de la vie animale. Ce philosophe, dont la manière de voir ressemble souvent beaucoup à celle de De Maillet, est en progrès marqué sur les interprétations purement spéculatives et insuffisantes de ce dernier, par rapport à la question de l'origine des êtres vivants, et il effectua ce progrès en recher- chant des causes capables de produire cette transfor- mation d'une espèce dans une autre, dont l'existence n'avait été pour De Maillet qu'une supposition. Lamarck crut avoir trouvé dans la nature de sem- blables causes, suffisant à expliquer parfaitement tous ces changements. C'est un fait physiologique, dit-il, que l'action fait augmenter la dimension des organes qui s'atrophient par l'inaction; c'est un autre fait physiologique que les modifications produites se trans- mettent aux descendants. Par conséquent, si vous changez les actions d'un animal, vous changez sa structure, en activant le développement des parties nouvellement mises en usage, en faisant diminuer celles qui ne sont plus employées; mais en modifiant les circonstances qui entourent l'animal, vous changez ses actions, d'où il suit qu'à la longue un changement de circonstances doit produire un changement d'organisation. Par ce motif, toutes les espèces animales sont, selon Lamarck, le résultat de l'action indirecte de changements de circonstances sur ces germes primitifs qui s'étaient produits originellement d'après lui, par génération spontanée au sein des eaux du globe. Il est curieux de remarquer cependant que Lamarck ait soutenu avec tant d'insistance[1] que les circonstances ne peuvent jamais modifier directement en rien la forme ou l'organisation des animaux et qu'elles opèrent seulement en changeant leurs besoins, puis leurs actions par conséquent. Il s'expose en effet ainsi à une question évidente : comment se fait-il alors que les plantes se modifient, car on ne peut leur attribuer des besoins et des actions? A ceci il répond que les plantes se modifient par des changements dans leur procédé nutritif, changements déterminés par des circonstances nouvelles, et il ne paraît pas avoir observé qu'on pouvait tout aussi bien supposer des changements de même genre chez les animaux.

« Quand nous aurons dit que Lamarck sentait bien l'insuffisance de la pure spéculation pour arriver à reconnaître l'origine des espèces et la nécessité de découvrir par l'observation, ou autrement, une cause vraie, capable de les produire, avant d'établir une théorie valable sur le sujet, quand nous aurons dit qu'il affirmait la coïncidence de l'ordre réel des classifications avec l'ordre de leur développement les uns des autres, qu'il insistait beaucoup sur la nécessité d'accorder un temps suffisant et qu'il faisait remonter toutes les variétés de l'instinct et de la raison aux causes mêmes qui avaient donné naissance aux

1. Voyez *Philosophie zoologique*, vol. I, p. 222 et suiv.

espèces, nous aurons énuméré les principales contributions de Lamarck au progrès de la question. D'ailleurs, comme il ne connaissait pas dans la nature d'autre puissance capable de modifier la structure des animaux que le changement de besoins déterminant le développement ou l'atrophie des parties, Lamarck fut conduit à attribuer à cet agent une importance infiniment plus grande qu'il ne mérite et les absurdités dans lesquelles il a été entraîné ont été condamnées comme elles le méritaient. Il n'avait pas la moindre idée de la lutte pour l'existence, sur laquelle insiste tant M. Darwin ; il se demande même si réellement une espèce peut s'éteindre quand il ne s'agit pas de grands animaux détruits par l'homme même, et il lui vient si peu à l'esprit qu'il puisse y avoir d'autres causes actives de destruction qu'en discutant l'existence possible de mollusques dont nous retrouvons les coquilles à l'état fossile, il dit : *Pourquoi, d'ailleurs, seraient-ils perdus dès que l'homme n'a pu opérer leur destruction* [1] *?* Lamarck ne connaît pas davantage l'influence de la sélection et ne tire pas parti des merveilleux phénomènes que nous présentent les animaux domestiques [2]. »

Ce passage de Huxley résume assez bien l'œuvre de Lamarck pour que j'aie cru devoir le reproduire en entier ; mais n'est-il pas vraiment peu indulgent pour notre grand évolutionniste et devons-nous méconnaître la valeur des principes qu'il a établis parce qu'il n'a pas songé à celui qui a plus tard immortalisé Darwin? Les néo-darwinistes veulent *tout* expliquer par le seul principe de la sélection naturelle et c'est ainsi que

1. Lamarck, *Philosophie zoologique*, vol. I, p. 77.
2. Huxley, *L'origine des espèces*.

Weissmann a nié la possibilité de l'hérédité des caractères acquis. Les néo-lamarckiens sont plus éclectiques; ils accordent une importance considérable au principe de la sélection naturelle, tout en prenant comme point de départ de leur théorie de la variation les lois établies par Lamarck. A dire vrai, ces deux principes, celui de Lamarck et celui de Darwin, ne sont pas aussi distincts qu'ils le semblent et le premier peut être considéré comme une conséquence du second, qui est lui-même une conséquence de la multiplication résultant de l'assimilation.

Voyons d'abord le principe de la sélection naturelle; soient deux corps *a* et *b* dans des conditions données de milieu; je suppose que, dans les conditions considérées, *b* se détruise; il ne restera plus que *a*; nous dirons que *a*, qui a persisté dans les conditions considérées, était plus apte à supporter ces conditions; c'est la loi de la *persistance du plus apte* qui est, on le voit, une vérité de La Palice.

Mais cette vérité évidente prend une importance considérable si nous supposons que les corps *a* et *b* sont susceptibles de se reproduire, c'est-à-dire de donner naissance à un grand nombre de corps identiques à eux-mêmes; on pourrait en trouver des exemples en dehors de la biologie, dans le triage des vibrations sonores par les résonnateurs, pour n'en citer qu'un seul; maintenons-nous dans le cadre de la biologie et supposons que *a* et *b* sont des plastides. Si, dans le milieu considéré, *a* est à la condition n° 1 et *b* à la condition n° 2, il est de toute évidence que *a* se multipliera, que *b* se détruira (ou variera, comme nous l'avons vu plus haut, mais je suppose d'abord qu'il se détruise, ce qui est le cas le plus général); il n'y aura donc dans le milieu que des descendants de *a*; l'espèce la plus apte aura persisté.

Je suppose maintenant que *a* et *b*, considérés chacun isolément, trouvent réalisée dans le milieu leur condition n° 1; qu'arrivera-t-il si ces deux plastides sont juxtaposés dans le milieu? Tous les milieux que nous connaissons sont limités, il est donc impossible que l'assimilation s'y continue indéfiniment; la condition n° 1 a une durée finie; dans la plupart des cas, les plastides *a* et *b* auront des besoins à peu près analogues (oxygène, par exemple), de sorte que la coexistence des deux plastides dans le milieu détruira la condition n° 1 plus vite que s'il y avait un seul plastide [1].

Cependant, malgré l'analogie assez générale, il y a aussi des différences dans les besoins des plastides de sorte que le plastide *b*, par exemple, se trouvera à la condition n° 2, tandis que le plastide *a* sera encore à la condition n° 1. Alors *b* disparaîtra et *a* persistera seul; il n'y aura dans le milieu que des descendants de *a*; ce sera encore le plus apte qui aura persisté, mais comme il y a eu antagonisme entre *a* et *b* on dira qu'il y a eu *lutte pour l'existence* et que le mieux armé a triomphé. Ceci est encore de toute évidence et il est impossible de le nier; si l'on a discuté sur des questions aussi simples, c'est qu'on a cru déterminer dans certains cas les conditions d'aptitude à vivre dans un milieu et qu'on les.a déterminées incomplètement en négligeant un facteur obscur mais essentiel; on ne

---

1. Il y a des cas où cela n'est pas vrai et où le plastide *b* détruit les substances R de *a* et produit des substances Q pour *a*; ce sont les cas de *symbiose*. (Voyez *Ann. Inst. Pasteur*, 1892. *Recherches sur la symbiose des Algues et des Protozoaires.*)

peut raisonner qu'*a posteriori* et l'on doit de toute
nécessité définir *le plus apte* celui qui a persisté.
Ici donc encore le principe de Darwin est de toute
évidence.

Je suppose maintenant que nous ayons affaire à des
plastides capables de varier au lieu de se détruire à la
condition n° 2, comme nous l'avons vu plus haut. Dans
un milieu aussi hétérogène que les milieux naturels,
les descendants d'un même plastide trouveront, en
différents points, différentes conditions n° 2; les uns
se détruiront, les autres varieront et, A CHAQUE INSTANT,
la sélection naturelle s'opérera entre les individus qui
auront varié, de telle manière que les plus aptes persisteront seuls. Donc, grâce à la sélection naturelle,
la variation sera, *de toute nécessité*, une variation
adaptative, et pourra sembler dirigée par une intelligence supérieure, quoique, nous venons de le voir,
cette *adaptation aux conditions de milieu* soit le
résultat nécessaire d'une loi qui est une vérité de La
Palice.

C'est même cette adaptation immédiate, fatale et
ayant lieu à chaque instant, qui empêche de trouver des
faits permettant de trancher la querelle entre les néo-
darwinistes et les néo-lamarckiens, querelle dont le
premier point est ainsi exprimé par Cope :

« Variations appear in definite directions (N. Lamarck) : Variations are promiscuous or multifarious
(N. Darwin) », les deux partis admettant d'ailleurs
ensuite que : « Variations survive directly as they are
adapted to changing environements (Natural selec-
tion) ».

Il est certain que le différend précédemment exprimé
provient de ce que les savants des deux partis ont tou-

jours en vue des animaux supérieurs composés d'une infinité de plastides et non les plastides mêmes qui les constituent; c'est la notion d'individualité qui obscurcit le débat.

Voyons maintenant comment l'on passe des plastides aux êtres polyplastidaires, et nous allons trouver que le principe de Lamarck découle naturellement de l'assimilation et de la sélection naturelle qui en est la conséquence. Le plastide, œuf ou spore, qui est le point de départ d'un animal pluricellulaire, donne naissance par bipartitions successives à 2, 4, ... 2^n, plastides ou blastomères qui, agglomérés par un ciment de substances R, forment successivement une morula, une blastula, une gastrula, etc. Cette agglomération possède au bout de quelque temps un milieu intérieur limité dans lequel s'accumulent des substances R et qui devient ainsi très différent du milieu extérieur. Les divers blastomères constituant l'organisme sont donc dans des conditions très différentes, suivant leurs relations avec les milieux intérieur et extérieur et avec les autres blastomères de l'agglomération; or ces blastomères sont essentiellement variables, au moins chez les animaux supérieurs; dans ce petit monde limité qui est constitué par leur ensemble, chacun des blastomères subit donc des variations qui sont toutes, à chaque instant, adaptatives, par suite de la sélection naturelle, de telle manière que deux éléments histologiques aussi différents qu'une cellule musculaire et un neurone proviennent, au bout d'un temps relativement court, d'un ancêtre commun : l'œuf.

Le milieu intérieur est limité et son contenu se renouvelle avec une vitesse qui a un maximum (alimentation, excrétion), c'est ce qui détermine l'état adulte [1], les éléments histologiques devant, de toute nécessité, passer par des alternatives de condition n° 1 et de condition n° 2; l'animal cesse de croître quand il y a balancement entre les gains causés par l'assimilation à la condition n° 1 et les pertes résultant de la destruction plastique à la condition n° 2.

Au lieu de considérer les éléments histologiques, regardons l'animal dans son ensemble; nous disons qu'il vit tant que la coordination établie entre les divers plastides qui le constituent, les milieux intérieur et extérieur, reste telle que la vie élémentaire des tissus se maintienne; les diverses opérations macroscopiques d'où résulte le maintien de la vie, nutrition, excrétion, etc., sont dites le fonctionnement des divers organes, le mot organe s'appliquant à un ensemble d'éléments histologiques qui collaborent à l'exécution d'une opération macroscopique susceptible de frapper notre attention. Or opération veut dire activité physique ou chimique et, dans tous les cas, une opération ne peut résulter que de réactions chimiques des éléments histologiques constituant l'organe considéré. Mais un élément histologique n'a que deux manières de réagir chimiquement : à la condition n° 1 ou à la condition n° 2. A chaque moment de la vie d'un animal, les conditions de milieu font que les opérations habituelles nécessaires au maintien de la vie peuvent être variables, mais, à chaque moment aussi, la sélection naturelle intervenant sans cesse entre les éléments histologiques, *ne conserve que ceux des éléments qui sont à la condition n° 1 et fait disparaître ceux qui sont à la condition n° 2 dans ces opérations*

1. Voyez Revue phil., 1896, *La vie et la mort.*

habituelles. Pendant les premiers temps du développement, les éléments histologiques n'étant pas encore définitivement différenciés, la sélection naturelle détermine la différenciation adaptative des tissus; une fois que les tissus sont définitivement constitués, il y a dans l'organisme un nombre défini d'espèces d'éléments histologiques dont beaucoup sont désormais presque invariables; la sélection naturelle aura alors pour résultat de distribuer dans chaque organe les éléments de diverse nature en quantité telle que l'adaptation soit sans cesse maintenue; le résultat de tout cela est que, dans ce que nous appelons le fonctionnement d'un organe définitivement constitué, le fonctionnement des tissus est corrélatif de la condition n° 1 pour chacun d'eux. C'est ce que j'ai appelé la loi d'*assimilation fonctio*nnelle [1]; le principe de Lamarck en découle immédiatement; étant donné l'état d'un organisme à un moment déterminé, si les conditions extérieures deviennent telles que tel organe est amené à fonctionner plus longtemps qu'il ne le faisait jusquelà, cet organe s'hypertrophiera; si cet organe est amené par les circonstances extérieures à fonctionner un peu différemment, quelques-uns de ses tissus diminueront, d'autres augmenteront et l'organe se trouvera bientôt adapté à ce nouveau genre de fonctionnement.

Mais il sera impossible, à cause de la vitesse limitée du renouvellement du milieu intérieur, que ce fonctionnement exagéré d'un organe n'entraîne pas une diminution corrélative du fonctionnement d'un autre organe qui s'atrophiera d'autant (balancement orga-

---

1. *Théorie nouvelle de la vie*. Chap. XXI.

nique de Geoffroy Saint-Hilaire; organes inutiles deve-
nant rudimentaires de Lamark). Voilà donc les deux
principes de Darwin et de Lamarck établis comme des
faits absolument nécessaires et indiscutables par la
simple considération des résultats de la limitation du
milieu dans lequel sont placés les plastides, de leur
agglomération en êtres pluricellulaires par des ciments
de substances R, de leur assimilation à la condition
n° 1 et de leur destruction à la condition n° 2.

Les quelques pages qui précèdent donnent une idée
de la nécessité d'éviter l'erreur individualiste dans
l'étude de l'hérédité. Le cadre de cet ouvrage ne
permet pas de montrer comment, cette erreur évitée,
la question se résout aisément [1]. Qu'il me suffise d'avoir
montré le danger de la notion d'individualité dans les
problèmes de la biologie générale.

1. *Évolution individuelle et Hérédité.* Bibl. scientifique internationale (sous presse).

TABLE DES MATIÈRES

———

———

Coulommiers. — Imp. Paul BRODARD. — 729-97.

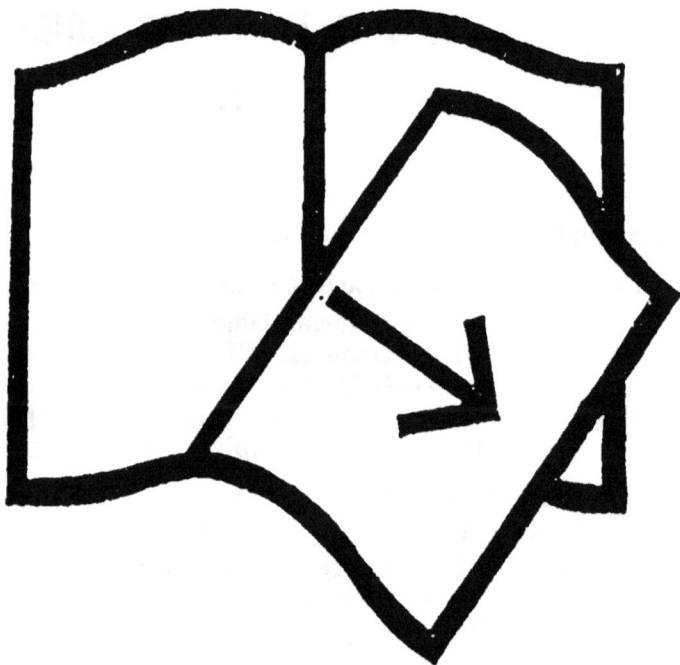

Documents manquants (pages, cahiers...)
NF Z 43-120-13

www.ingramcontent.com/pod-product-compliance
Lightning Source LLC
Chambersburg PA
CBHW060555210326
41519CB00014B/3477